Rainer Kämpf

Ein Verfahren zur flexiblen Fertigungsführung eines Fertigungssystems für Kleinserien mit unterschiedlich autonomen Arbeitsstationen

Mit 68 Abbildungen

 Springer

Dr.-Ing. Rainer Kämpf
Fraunhofer-Institut für Produktionstechnik und Automatisierung (IPA), Stuttgart

Prof. Dr.-Ing. Dr. h. c. Dr.-Ing. E. h. H. J. Warnecke
o. Professor an der Universität Stuttgart
Fraunhofer-Institut für Produktionstechnik und Automatisierung (IPA), Stuttgart

Prof. Dr.-Ing. habil. Dr. h. c. H.-J. Bullinger
o. Professor an der Universität Stuttgart
Fraunhofer-Institut für Arbeitswirtschaft und Organisation (IAO), Stuttgart

D 93

ISBN-13: 978-3-540-62653-4   e-ISBN-13: 978-3-642-47898-7
DOI: 10.1007/ 978-3-642-47898-7

Gesamtherstellung: Copydruck GmbH, Heimsheim
SPIN 10572431   62/3020–5 4 3 2 1 0

EIN VERFAHREN ZUR FLEXIBLEN FERTIGUNGSFÜHRUNG
EINES FERTIGUNGSSYSTEMS FÜR KLEINSERIEN
MIT UNTERSCHIEDLICH AUTONOMEN ARBEITSSTATIONEN

VON DER FAKULTÄT FERTIGUNGSTECHNIK
DER UNIVERSITÄT STUTTGART ZUR ERLANGUNG
DER WÜRDE EINES DOKTOR-INGENIEURS
(DR-ING.) GENEHMIGTE ABHANDLUNG

VORGELEGT VON

DIPL.-ING. RAINER KÄMPF
AUS BONN

HAUPTBERICHTER: PROF. DR.-ING. DR.H.C. MULT. H.-J. WARNECKE
MITBERICHTER: PROF. DR.-ING A. STORR

TAG DER EINREICHUNG: 12. JUNI 1996
TAG DER MÜNDLICHEN PRÜFUNG: 25. SEPTEMBER 1996

Geleitwort der Herausgeber

Über den Erfolg und das Bestehen von Unternehmen in einer marktwirtschaftlichen Ordnung entscheidet letztendlich der Absatzmarkt. Das bedeutet, möglichst frühzeitig absatzmarktorientierte Anforderungen sowie deren Veränderungen zu erkennen und darauf zu reagieren.

Neue Technologien und Werkstoffe ermöglichen neue Produkte und eröffnen neue Märkte. Die neuen Produktions- und Informationstechnologien verwandeln signifikant und nachhaltig unsere industrielle Arbeitswelt. Politische und gesellschaftliche Veränderungen signalisieren und begleiten dabei einen Wertewandel, der auch in unseren Industriebetrieben deutlichen Niederschlag findet.

Die Aufgaben des Produktionsmanagements sind vielfältiger und anspruchsvoller geworden. Die Integration des europäischen Marktes, die Globalisierung vieler Industrien, die zunehmende Innovationsgeschwindigkeit, die Entwicklung zur Freizeitgesellschaft und die übergreifenden ökologischen und sozialen Probleme, zu deren Lösung die Wirtschaft ihren Beitrag leisten muß, erfordern von den Führungskräften erweiterte Perspektiven und Antworten, die über den Fokus traditionellen Produktionsmanagements deutlich hinausgehen.

Neue Formen der Arbeitsorganisation im indirekten und direkten Bereich sind heute schon feste Bestandteile innovativer Unternehmen. Die Entkopplung der Arbeitszeit von der Betriebszeit, integrierte Planungsansätze sowie der Aufbau dezentraler Strukturen sind nur einige der Konzepte, die die aktuellen Entwicklungsrichtungen kennzeichnen. Erfreulich ist der Trend, immer mehr den Menschen in den Mittelpunkt der Arbeitsgestaltung zu stellen – die traditionell eher technokratisch akzentuierten Ansätze weichen einer stärkeren Human- und Organisationsorientierung. Qualifizierungsprogramme, Training und andere Formen der Mitarbeiterentwicklung gewinnen als Differenzierungsmerkmal und als Zukunftsinvestition in *Human Recources* an strategischer Bedeutung.

Von wissenschaftlicher Seite muß dieses Bemühen durch die Entwicklung von Methoden und Vorgehensweisen zur systematischen Analyse und Verbesserung des Systems Produktionsbetrieb einschließlich der erforderlichen Dienstleistungsfunktionen unterstützt werden. Die Ingenieure sind hier gefordert, in enger Zusammenarbeit mit anderen Disziplinen, z.B. der Informatik, der Wirtschaftswissenschaften und der Arbeitswissenschaft, Lösungen zu erarbeiten, die den veränderten Randbedingungen Rechnung tragen.

Die von den Herausgebern geleiteten Institute, das

- Institut für Industrielle Fertigung und Fabrikbetrieb der
  Universität Stuttgart (IFF),

- Institut für Arbeitswissenschaft und Technologiemanagement (IAT)

- Fraunhofer-Institut für Produktionstechnik und Automatisierung
  (IPA),

- Fraunhofer-Institut für Arbeitswirtschaft und Organisation (IAO)

arbeiten in grundlegender und angewandter Forschung intensiv an
den oben aufgezeigten Entwicklungen mit. Die Ausstattung der
Labors und die Qualifikation der Mitarbeiter haben bereits in der
Vergangenheit zu Forschungsergebnissen geführt, die für die Praxis
von großem Wert waren. Zur Umsetzung gewonnener Erkenntnisse wird
die Schriftenreihe "IPA-IAO - Forschung und Praxis" herausgegeben.
Der vorliegende Band setzt diese Reihe fort. Eine Übersicht über
bisher erschienene Titel wird am Schluß dieses Buches gegeben.

Dem Verfasser sei für die geleistete Arbeit gedankt, dem Springer-
Verlag für die Aufnahme dieser Schriftenreihe in seine Angebots-
palette und der Druckerei für saubere und zügige Ausführung. Möge
das Buch von der Fachwelt gut aufgenommen werden.

                              H.J. Warnecke   H.-J. Bullinger

<u>Vorwort des Verfassers</u>

Die vorliegende Arbeit entstand während meiner Tätigkeit am Fraunhofer-Institut für Produktionstechnik und Automatisierung (IPA), Stuttgart.

Herrn Professor Dr. h.c. mult. Dr.-Ing. H.-J. Warnecke, Präsident der Fraunhofer-Gesellschaft zur Förderung der angewandten Forschung e.V., bin ich für die wohlwollende Förderung und großzügige Unterstützung der Arbeit zu besonderem Dank verpflichtet.

Mein Dank gilt ebenfalls Herrn Professor Dr.-Ing. A. Storr für die eingehende Durchsicht der Arbeit und die sich daraus ergebenden wertvollen Anregungen und Hinweise, die zum Erfolg der Arbeit einen wesentlichen Beitrag geleistet haben.

Ein herzlicher Dank geht an Herrn Professor Dr.-Ing. Dipl.-Math. H. Kühnle und Herrn Professor Dr.-Ing. habil. W. Dangelmaier für ihre stete Diskussionsbereitschaft und konstruktive Kritik, die mir bei der Ausarbeitung der Inhalte meiner Arbeit eine wichtige Hilfe waren.

Allen Mitarbeitern des Instituts möchte ich an dieser Stelle für ihre große Hilfsbereitschaft und Unterstützung während der gesamten Zeit meiner Dissertation danken. Die Erstellung der Arbeit ist mir dadurch wesentlich erleichtert worden.

Ein besonderes Dankeschön geht an meine Eltern und Freunde, die mir immer wieder Ansporn waren, mein Ziel nie aus den Augen zu verlieren und diese Arbeit trotz vielfältiger beruflicher Aufgaben und engem Terminkalender zu einem erfolgreichen Abschluß zu bringen.

Stuttgart, 1996   Rainer Kämpf

Ein Verfahren zur flexiblen Fertigungsführung eines Fertigungssystems für Kleinserien mit unterschiedlich autonomen Arbeitsstationen

II　　　　　**Abkürzungsverzeichnis**

i,j	...	Indizes
$\times$	...	Relation zwischen zwei Mengen (gerichtet)
$\subset$	...	Teilmenge von
$\cup$	...	Vereinigungsmenge mit
$\wedge$	...	Konjunktion
$\vee$	...	Disjunktion
$\neg$	...	Negation

$A_{FS} = (P_{FS}, F_{FS}, R_F)$　　...　Menge aller Fertigungsaufgaben innerhalb eines Fertigungssystems FS

$ALT_K(k_i,f_i) = \{(k_j,r_j,d_{kj},m_j) ; k_j \in K' \wedge r_j \in N \wedge d_{kj} \in D_K \wedge m_j \in N\}$

...　Alternativfunktion zur Bestimmung der alternativen Betriebsmittelmenge K' des eingeplanten Betriebsmittels k_i einer Fertigungsoperation f_i

$ALT_F(f_i) = \{(f_j,r_j,d_{fj},d_{ffj},m_j) ; f_j \in F' \wedge r_j \in N \wedge d_{fj} \in D_F \wedge d_{ffi} \in D_{FF} \wedge m_j \in N\}$

...　Alternativfunktion zur Bestimmung der alternativen Fertigungsoperationsmenge F' einer Fertigungsoperation f_i

$B_{K_{FS}}(t) = (B_{k_1}(t), ... B_{k_i}(t) ...)$　　...　Menge aller Belegungen der Betriebsmittel K_{FS} des Fertigungssystems FS zum Zeitpunkt t

$B_k(t) = (E_{B_k}(t), H_{B_k}(t), W_{B_k}(t))$　　...　Belegung des Betriebsmittels k zum Zeitpunkt t mit anderen Betriebsmitteln, Material und Aufträgen

$card\ (G_i) \in N$　　...　Anzahl der Materialien $g_i \in G_i$

$card\ (K_i) \in N$　　...　Anzahl der Betriebsmittel $k_i \in K_i$

D　　...　Menge aller Entscheidungsbedingungen

$d_f \in D_F$　　...　ablaufneutrale Startbedingung der Fertigungsoperation f

$d_{ff} \in D_{FF}$ ...   ablaufabhängige Auswahlbedingung der Fertigungsoperation f (bei Alternativen)

$D_{FF} \subset D$ ...   Menge aller ablaufabhängigen Auswahlbedingungen der Fertigungsoperation f (bei Alternativen)

$D_F \subset D$ ...   Menge aller ablaufneutralen Startbedingungen der Fertigungsoperation f

$d_g, d_k \in D$ ...   Entscheidungsbedingungen zur Auswahl alternativer Materialien und Betriebsmittel

$d_{g0}, d_{k0}, d_{f0} \in D$ ...   Entscheidungsbedingungen der Ausgangssteuerung eines Operationsknotens

$d_{gI}, d_{kI}, d_{fI} \in D$ ...   Entscheidungsbedingungen der Eingangssteuerung eines Operationsknotens

$d_{NP} \in D$ ...   Einsatzbedingungen der Methode "Neuplanung (NP)" zur Ereignisbearbeitung

Δt_P ...   Durchführungsdauer der Planung

$d_{TS} \in D$ ...   Einsatzbedingungen der Methode "termingesteuertes Auslösen ohne Alternativen (TS)" zur Ereignisbearbeitung

$d_{TSA} \in D$ ...   Einsatzbedingungen der Methode "termingesteuertes Auslösen mit Alternativen (TSA)" zur Ereignisbearbeitung

$d_{UP} \in D$ ...   Einsatzbedingungen der Methode "partielle Umplanung mehrerer Fertigungsoperationen ohne Alternativen (UP)" zur Ereignisbearbeitung

$d_{UPA} \in D$ ...   Einsatzbedingungen der Methode "partielle Umplanung mehrerer Fertigungsoperationen mit Alternativen (UPA)" zur Ereignisbearbeitung

$d_{ZS} \in D$ ...   Einsatzbedingungen der Methode "zustandsgesteuertes Auslösen ohne Alternativen (ZS)" zur Ereignisbearbeitung

$d_{ZSA} \in D$ ...   Einsatzbedingungen der Methode "zustandsgesteuertes Auslösen mit Alternativen (ZSA)" zur Ereignisbearbeitung

$E \subset G$ ...   Menge von benötigten Materialien zur Ausführung der Fertigungsoperation f

$E_{B_k}(t) \subset G$ ...   Menge von Materialien, die zum Zeitpunkt t dem Betriebsmittel k zugeordnet sind zur Ausführung der Fertigungsoperation f

$E_{FS} \subset G_{FS}$ ...   Menge von benötigten Materialien zur Ausführung der Fertigungsoperation f im Fertigungssystem FS

$E'_{FS} = \{g'; g' = (g, d_g)\}$ ...   Menge von alternativen Materialien zur Auführung der Fertigungsoperation f

e_p ...   Planungsereignis

c_s ...   Prozessereignis

$E_w(t) \subset G_{FS}$ ...   Menge der dem Auftrag w zum Zeitpunkt t zugeordneten Materialien

F ...   Menge der Fertigungsoperationen

$f, f_i, f_j \in F$ ...   Fertigungsoperation

$f = (p, E, H)$ ...   Fertigungsoperation

$f_{a,b,c} \in F$ ...   Fertigungsoperation mit der Sequenznummer a innerhalb des Fertigungsauftrags b auf dem Betriebsmittel c (Hauptbetriebsmittel)

$f_B = \{f ; f = (p_B, E_B, H_B) \wedge (|p_B| = 1) \wedge |E_B| = 1) \wedge (|H_B| > 0)\}$

    ...   Bearbeitungsoperation

$f_D = \{f ; f = (p_D, E_D, H_D) \wedge (|p_D| > 1) \wedge (|E_D| = 1) \wedge (|H_D| > 0)\}$

    ...   Trennoperation

$F_{FS} \subset F$ ...   Menge aller möglichen Fertigungsoperationen eines Fertigungssystems FS

$G_{FS} \subset G$ ...   Menge aller ins Fertigungssystem FS einfließenden bzw. dort gefertigten Materialien und Erzeugnisse

$F_{FS}' = \{f_{FS} ; f_{FS} = (p_{FS}, E'_{FS}, H_{FS}')$ ...   um Entscheidungsbedingungen zur Auswahl alternativ einzusetzender Materialien und Betriebsmittel erweiterte Menge aller möglichen Fertigungsoperationen eines Fertigungssystems FS

$f_{FS} = (p_{FS}, E_{FS}, H_{FS})$ ...   Fertigungsoperation im Fertigungssystem FS

$f_M = \{f ; f = (p_M, E_M, H_M) \wedge (|p_M| = 1) \wedge (|E_M| > 1) \wedge (|H_M| > 0)\}$

$\qquad$ ... $\quad$ Montageoperation

$FP_{FS}(t) = (F_{FS}, R_F, U_{w_{FS}}(t), S_{F_{FS}}(t))$ ... $\quad$ Abbild des Fertigungsprozesses FP_{FS} im Fertigungssystem FS

$FP_{FS}'(t) = (F_{FS}', R_F', U_{w_{FS}}(t), S_{F_{FS}}(t))$... $\quad$ um Entscheidungsbedingungen erweitertes Abbild des Fertigungsprozesses FP_{FS} im Fertigungssystem FS

$FS = (K_{FS}, A_{FS}, MF_{FS})$ $\qquad$ ... $\quad$ statisches Abbild des Fertigungssystems FS

$FS (t) = (K_{FS}, A_{FS}, MF_{FS}, B_{K_{FS}}(t), S_{K_{FS}}(t))$

$\qquad$ ... $\quad$ dynamisches Abbild des Fertigungssystems FS

$f_T = \{f ; f = (p_T, E_T, H_T) \wedge (|p_T| = 1) \wedge (|E_T| = 1) \wedge (|H_T| = 1)\}$

$\qquad$ ... $\quad$ Transportoperation

$F_w(t) \subset F_{FS}$ $\qquad$ ... $\quad$ Menge der dem Auftrag w zum Zeitpunkt t zugeordneten Fertigungsoperationen

G $\qquad$ ... $\quad$ Menge aller Erzeugnisse oder Materialien

$g, g_i, g_j \in G$ $\qquad$ ... $\quad$ Material, Werkstück, Erzeugnis

$[G_{FS}, R_G]$ $\qquad$ ... $\quad$ Gozintograph zur Darstellung der Erzeugnisstrukturen im Fertigungssystem FS als kanonischer Graph

G_i $\qquad$ ... $\quad$ Menge identischer Materialien

$G_{i,j} = (g_i, g_j)$ $\qquad$ ... $\quad$ Teilesatz

$H \subset K$ $\qquad$ ... $\quad$ Menge von benötigten Betriebsmitteln zur Ausführung der Fertigungsoperation f

$H_{B_k}(t) \subset K$ $\qquad$ ... $\quad$ Menge von Betriebsmitteln, die zum Zeitpunkt t dem Betriebsmittel k zugeordnet sind zur Ausführung der Fertigungsoperation f

$H_{FS} \subset K_{FS}$ $\qquad$ ... $\quad$ Menge aller benötigten Betriebsmittel des Fertigungssystems FS zur Ausführung der Fertigungsoperation f

$H_{FS}' = \{k'; k' = (k, d_k)\}$ $\qquad$ ... $\quad$ Menge aller alternativen Betriebsmittel des

15

	...	Fertigungssystems FS zur Ausführung der Fertigungsoperation f
$H_w(t) \subset K_{FS}$	...	Menge der dem Auftrag w zum Zeitpunkt t zugeordneten Betriebsmittel
K	...	Menge aller Betriebsmittel
$k, k_i, k_j \in K$	...	Betriebsmittel (Arbeitsplatz, Fertigungsmittel, Lagermittel, Födermittel, Meßmittel)
$K_{FS} \subset K$	...	Menge aller Betriebsmittel eines Fertigungssystems FS
K_i	...	Menge identischer Betriebsmittel
$K_{i,j} = (k_i, k_j)$	...	Betriebsmittelgruppe, Werkzeugsatz
$L - (g_i, g_j, k_T)$	...	Transporteinheit bestehend aus Material und / oder Betriebsmitteln
$MF_{FS} \subset (K_{FS} \times K_{FS})$	...	Relation zur Beschreibung der im Fertigungssystem FS möglichen Materialflußbeziehungen, basierend auf den zugehörenden Betriebsmitteln K_{FS}
$M_Z(f_{a,b,c})$	...	Menge aller Nachfolgeroperationen der Fertigungsoperation $f_{a,b,c}$, die in Z Übergängen zu erreichen sind und zum gleichen Fertigungsauftrag b gehören bzw. das selbe Betriebsmittel c (Hauptbetriebsmittel) verwenden

$$N(f_{a,b,c}) = \{N_W(f_{a,b,c}) \cup N_K(f_{a,b,c})\}$$

...   Gesamtnachfolgerfunktion

$$N_K(f_{a,b,c}) = \{f_{m,n,p} ; f_{m,n,p} \in F_{FS} \wedge m \in N \wedge n \in W_{FS}(t) \wedge p = c\}$$

...   Nachfolgerfunktion der Fertigungsoperation $f_{a,b,c}$ mit gleichem Betriebsmittel c (Hauptbetriebs mittel)

$$N_W(f_{a,b,c}) = \{f_{m,n,p} ; f_{m,n,p} \in F_{FS} \wedge m = a+1 \wedge n = b \wedge p \in K_{FS}\}$$

...   Nachfolgerfunktion der Fertigungsoperation $f_{a,b,c}$ im gleichen Fertigungsauftrag b

P	...	Menge der gefertigten Werkstücke

$p, p_i, p_j \in P$ ...   gefertigtes Werkstück als Ergebnis der Ausführung einer Fertigungsoperation

$P_{FS} \subset G_{FS}$ ...   Menge aller im Fertigungssystem FS gefertigten Materialien und Erzeugnisse

$R_F \subset (F_{FS} \times F_{FS})$ ...   Relation zur Beschreibung der im Fertigungssystem FS durchführbaren Fertigungsabläufe basierend auf dem Operationen F_{FS}

$R_{F'} \subset (F_{FS}' \times F_{FS}', d_{ff})$ ...   um Entscheidungsbedingungen zur Auswahl alternativer Fertigungsoperationen erweiterter Fertigungsablauf

$R_G \subset (G_{FS} \times G_{FS})$ ...   Relation zur Beschreibung der Erzeugnisstrukturen im Fertigungssystem FS als Beziehung zwischen Materialien

$r \in N$ ...   Rang einer Beziehung zwischen Materialien, Betriebsmitteln und Fertigungsoperationen

$R_w \subset (W \times W)$ ...   Auftragsnetz

$S_f(t) = (s_{f_1}(t), \dots s_{f_i}(t) \dots)$ ...   Zustand der Fertigungsoperation f zum Zeitpunkt t

$S_{F_{FS}}(t) = (S_{f_1}(t), \dots S_{f_i}(t) \dots)$ ...   Menge aller Zustände der Fertigungsoperation F_{FS} im Fertigungssystem FS zum Zeitpunkt t

$s_{f_i}(t) \in S_f(t)$ ...   Zustand einer einzelnen relevanten Eigenschaft der Fertigungsoperation f zum Zeitpunkt t

$s_{k_i}(t) \in S_k(t)$ ...   Zustand einer einzelnen relevanten Eigenschaft des Betriebsmittels k zum Zeitpunkt t

$S_g(t) = (s_{g_1}(t), \dots s_{g_i}(t) \dots)$ ...   Materialzustand von g zum Zeitpunkt t

$S_{G_{FS}}(t) = (S_{g_1}(t), \dots S_{g_i}(t) \dots)$ ...   Menge aller Materialzustände im Fertigungssystem FS zum Zeitpunkt t

$s_{g_i}(t) \in S_g(t)$ ...   Zustand einer einzelnen relevanten Eigenschaft des Materials zum Zeitpunkt t

$S_k(t) = (s_{k_1}(t), \dots s_{k_i}(t) \dots)$ ...   Betriebszustand des Betriebsmittels k zum Zeitpunkt t

$S_{K_{FS}}(t) = (S_{k_1}(t), \dots S_{k_i}(t) \dots)$ ...   Menge aller Betriebszustände der Betriebsmittel K_{FS} des Fertigungssystems FS zum Zeitpunkt t

$S_w(t) = (s_{w_1}(t), \dots s_{w_i}(t) \dots)$ ...   Auftragszustand von w zum Zeitpunkt t

$S_{W_{FS}}(t) = (S_{w_1}(t), \dots S_{w_i}(t) \dots)$ ...   Menge aller Auftragszustände von W_{FS} im Fertigungssystem FS zum Zeitpunkt t

$s_{w_i}(t) \in S_w(t)$ ...   Zustand einer einzelnen relevanten Eigenschaft des Auftrags w zum Zeitpunkt t

t ...   Zeitvariable

t_0 ...   aktueller Zeitpunkt

t_{FE} ...   frühester Endtermin eines Auftrags

t_{FS} ...   frühester Starttermin eines Auftrags

T_p ...   zu planender Zeithorizont

t_{p0} ...   Zeitpunkt für Planungsbasis

t_{p1} ...   Startzeitpunkt Planung

t_{p2} ...   Endzeitpunkt Planung

t_{PBE} ...   geplanter Belegungsendtermin eines Betriebsmittels

t_{PBS} ...   geplanter Belegungsstarttermin eines Betriebsmittels

t_{PE} ...   geplanter Endtermin eines Auftrags

t_{PS} ...   geplanter Starttermin eines Auftrags

t_{SE} ...   spätester Endtermin eines Auftrags

t_{SS} ...   spätester Starttermin eines Auftrags

t_{VPE} ...   Endtermin der geplanten Materialverfügbarkeit

t_{VPS} ...   Starttermin der geplanten Materialverfügbarkeit

$U_w(t) = (E_w(t), H_w(t), F_w(t))$ ...   auftragsspezifische Zuordnung von Materialien, Betriebsmitteln und Fertigungsoperationen zum Auftrag w bezogen auf den Zeitpunkt t (auftragsspezifische Belegung)

$U_{W_{FS}}(t) = (U_{w_1}(t), \dots U_{w_i}(t) \dots)$ ...   Menge aller auftragsspezifischen Belegungen im Fertigungssystem FS zum Zeitpunkt t

W	...	Menge aller Aufträge
$w, w_i, w_j \in W$	...	Auftrag (Fertigungs- oder Werkstattauftrag)
$W_{B_k}(t) \subset W$	...	Menge von Aufträgen, die zum Zeitpunkt t dem Betriebsmittel k zugeordnet sind
$W_{FS}(t)$	...	Menge aller Aufträge, die zum Zeitpunkt t dem Fertigungssystem FS zugeordnet sind
Z_{MAX}	...	obere Schranke der in einer partiellen Umplanung zu durchlaufenden Stufenzahl abhängiger Folgeoperationen

1 Einleitung

Die Marktstellung eines produzierenden Unternehmens wird zukünftig maßgebend durch seine Fähigkeit bestimmt, schnell auf geänderte Nachfragesituationen reagieren zu können. Das bedeutet die Beherrschung von Marktanforderungen wie wachsende Erzeugnisvielfalt bei abnehmender Produktlebensdauer, sinkende Losgrößen und immer kürzere Produktdurchlaufzeiten. Die Flexibilität des Unternehmens wird damit zum entscheidenden Wettbewerbsvorteil. Sie bestimmt die Funktionen und Systeme der Planungs- und Betriebsebenen eines Unternehmens /1, 7, 112/.

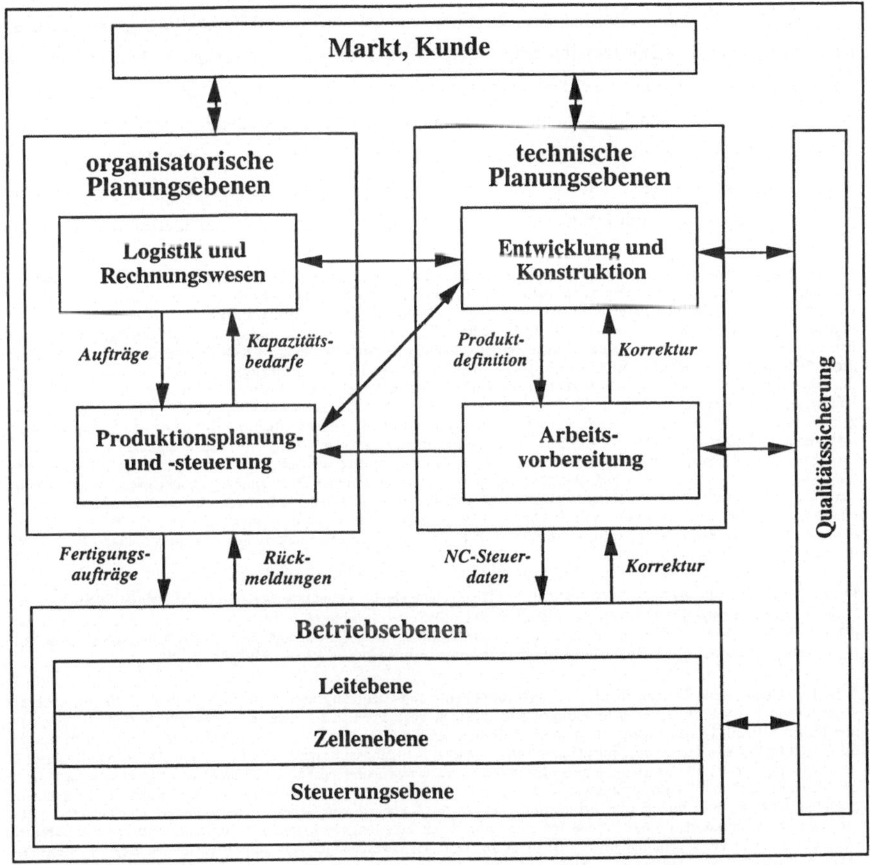

Bild 1:   Modell eines produzierenden Unternehmens im CIM-Umfeld nach /110, 111/

Für die termingerechte Fertigstellung eines Kundenauftrags ist vor dem Hintergrund knapper Liefertermine und immer komplexerer Erzeugnisse ein Instrumentarium notwendig, das die verschiedenen Fertigungsprozesse[1] koordiniert, den auszuführenden Fertigungsvorgängen Betriebsmittel[2] zuteilt und die Bereitstellung des benötigten Materials sicherstellt. Diese Aufgabe wird von Produktionsplanungs und -steuerungssystemen (PPS)[3] unterschiedlicher Ausprägung übernommen. PPS-Systeme sind rechnergestützte Systeme zur organisatorischen Planung, Steuerung und Überwachung der Produktionsabläufe während der gesamten Auftragsabwicklung, wobei insbesondere Mengen-, Termin- und Kapazitätsaspekte berücksichtigt werden /37/. Die meisten eingesetzten PPS-Systeme planen in zu großen Zyklen und nehmen auf die Erfordernisse der Betriebsebene wenig Rücksicht. So werden Kostenstellen, Kapazitäten, Zeiten und Mengen nur abstrakt und in grober Detaillierung verwaltet. Als kleinste zu verplanende Zeiteinheit (Zeitraster) wird meist ein Tag vorgegeben. Deshalb können alle Fertigungsvorgänge ebenfalls nur tagegenau eingeplant werden, obwohl ihre eigentliche Fertigungszeit wesentlich kürzer ist. Dadurch entstehen "geplante" Liegezeiten und Umlauf-

---

[1] Der Begriff "Fertigung" beinhaltet nach /30/ alle organisatorischen und technischen Maßnahmen zur Herstellung von Material und Erzeugnissen. Dabei versteht man unter "Erzeugnis" einen aus einer Anzahl von Baugruppen und Teilen bestehenden, funktionsfähigen Gegenstand als Fertigungsendergebnis (DIN 6789), während der Begriff "Material" alle Rohstoffe, Werkstoffe, Halbzeuge, Hilfsstoffe Betriebsstoffe, Teile und Baugruppen umfaßt, die zur Herstellung eines Erzeugnisses erforderlich sind. In dieser Arbeit werden durch den Begriff "Fertigung" neben Teilebearbeitung und Montage auch alle förder- und informationstechnischen, sowie qualitätssichernden Maßnahmen angesprochen.
Ein "Prozeß" umfaßt nach /82, 83/ allgemein die Umformung und/oder den Transport von Materie, Energie und/oder Information. Unter einem technischen Prozeß versteht /83/ einen Prozeß, dessen Zustandsgrößen mit technischen Mitteln gemessen, gesteuert und/oder geregelt werden können. Zustandsgrößen beschreiben alle in einem technischen Prozeß auftretenden Größen (physikalische Größen, Stück-Nummer, usw.), die mit Hilfe von Prozeßsignalen erfaßt werden. "Fertigungsprozesse" sind technische Prozesse, durch die Material mittels physikalischer und/oder chemischer Einwirkung als planmäßiger Ablauf von Fertigungsvorgängen in einen vorausbestimmten Endzustand gebracht wird /30/. Betrachtet werden in dieser Arbeit ausschließlich Stückprozesse, bei denen die Zustandsgrößen einzeln identifizierbaren Stücken (Objekten) zugeordnet sind. Diese Stücke können sich in ihrer Position und/oder ihrem Zustand verändern, d.h. die Fertigungsvorgänge eines Fertigungsprozesses beinhalten in diesem Zusammenhang Bearbeitungs-, Montage-, Förder- und qualitätssichernde Vorgänge.

[2] Als "Betriebsmittel" werden nach /30, 85/ alle Anlagen, Geräte und Einrichtungen verstanden, die zur betrieblichen Leistungserstellung dienen. Dazu gehören Fertigungsmittel, Maß- und Prüfmittel, Fördermittel, Lagermittel, Organisationsmittel, usw. /30/. Die Betriebsmittel entsprechen den Arbeitsmitteln nach DIN 33400, die in einem Arbeitssystem zum Einsatz kommen, das unter Einbeziehung des Menschen an einem Arbeitsplatz eine Arbeitsaufgabe erfüllt.

[3] In der Literatur sind für den Bereich Produktionsplanung und -steuerung in Verbindung mit den Ausführungsebenen verschiedene Betrachtungsweisen und Begriffsdefinitionen angegeben, die teilweise die Aufgaben eines Leitsystems überdecken. /16, 17, 18, 19/ verwenden in ihrer Definition den Begriff der Produktionssteuerung und verstehen darunter die Durchsetzung der aus der Produktionsplanung resultierenden Fertigungsaufträge in der Fertigung. Für eine tiefergehende Aufgliederung der Produktionssteuerung werden in diesem Zusammenhang die Teilfunktionen "Auftragsveranlassung" bzw. "Auftragsfreigabe" und "Auftragsüberwachung" eingeführt. Funktionen wie etwa die Termin- und Kapazitätsfeinplanung, gehören eindeutig zum Umfang einer Produktionsplanung. /3,15/ ergänzen im Gegensatz dazu die rein überwachenden und veranlassenden Funktionen einer Produktionssteuerung durch Zuteilungsverfahren der Fertigungsaufträge zu einzelnen Betriebsmitteln sowie Mechanismen zur Bearbeitung von Planabweichungen und führen dafür den Begriff "Betriebsablaufsteuerung" bzw. "Auftragssteuerung" ein. Synonym dazu ist in der Literatur der Begriff "Fertigungssteuerung" verbreitet, der zusätzlich den Aspekt der Sicherung von Fertigungsergebnissen durch vorbeugende Maßnahmen zur Vermeidung von Planungsabweichungen anspricht. Der Begriff "Fertigungssteuerung" beinhaltet nach /30, 37, 40/ die Veranlassung, Überwachung und Sicherung der Durchführung von Fertigungsaufträgen hinsichtlich Menge, Termin, Qualität, Kosten und Arbeitsbedingungen. "Veranlassen" ist nach /30/ ein terminorientierter Anstoß der Aufgabendurchführung, "Überwachen" besteht im Feststellen der Aufgabenerfüllung oder der Abweichung der Ist- von den Soll-Daten, "Sichern" umfaßt Maßnahmen zur Vermeidung oder Verhinderung dieser Abweichungen. Zu Planungsverfahren von PPS-Systemen siehe /13, 14, 16, 17, 18, 51, 52, 56, 57, 64/. Eine Übersicht der am Markt angebotenen PPS-Systeme gibt /34/.

bestände /2, 3/. Kurzfristige Änderungen des Fertigungsablaufs aufgrund von Eilaufträgen oder Störungen sind erst mit dem nächsten Planungslauf des Systems zu berücksichtigen und kommen damit in der Regel zu spät. Für die Koordination von Bearbeitungs- und Transportvorgängen, die direkt mit der Ausführung der eingeplanten Fertigungsvorgänge verbunden sind, ist ein Zeitraster im Stunden-, teilweise sogar im Minutenbereich erforderlich.

Die daraus resultierende Informationsmenge übersteigt die Leistungsfähigkeit und das Reaktionsverhalten eines PPS-Systems. Daher ist es nicht sinnvoll, die Planungsgenauigkeit im PPS-System unnötig zu erhöhen, sondern diese Aufgaben an die Leitebene zu übertragen /47/. Die dort angesiedelten Systeme werden als "Leitsysteme" oder "Fertigungsleitsysteme" bezeichnet /4, 5/. In dieser Arbeit ist der Begriff "Leitsystem" einer planenden und führenden Instanz gleichgesetzt, die auf der Basis von Fertigungsaufträgen[1] und unter Einbeziehung aller Informationen der organisatorischen bzw. technischen Planungsebene, sowie dem aktuellen Status der zum Einsatz kommenden Betriebsmittel die einzelnen arbeitsgangbezogenen Werkstattaufträge[2] im Kurzfristbereich feinplant, auslöst und ihre Durchführung überwacht. Auf Störungen der Betriebsmittel oder des Ablaufs einzelner Fertigungsvorgänge muß innerhalb des Leitsystems flexibel reagiert werden können. Die Anforderungen an die Flexibilität eines Leitsystems erstrecken sich in diesem Zusammenhang auf das Ausnutzen von Reaktionsmöglichkeiten der Betriebsmittel selbst, aber auch auf die Gestaltung des Fertigungsablaufs, der bei Vorliegen einer Störung entsprechend anzupassen ist.

Werden verschiedene Betriebsmittel und/oder Werker zu einer organisatorischen, fertigungstechnischen oder ablauforientierten Einheit zusammengeschlossen, so ergeben sich Arbeitsstationen, die aufgrund der Komplexität, der Verkettung bzw. des Automatisierungsgrades[3] ihrer Betriebsmittel oder der Qualifikation der zugehörenden Werker unterschiedlich

---

[1] Der Begriff "Fertigungsauftrag" wird in der Literatur je nach Anwendungsfall teile-, arbeitsgang- oder maschinenbezogen verwendet /4, 11/. In dieser Arbeit beinhaltet er die mündliche, schriftliche oder informationstechnische Aufforderung zur Herstellung eines Erzeugnisses, einer Baugruppe oder eines Teils mit Angabe von Sachnummer, Auftragsmenge, Termin usw. an die Fertigung /30/. Der durchzuführende Fertigungslauf wird in Form eines auftragsabhängigen Arbeitsplans beschrieben, der durch Hinzufügen von auftragsbezogenen Daten wie z. B. Auftragsnummer, Menge, Start- bzw. Endtermin, einzusetzende Betriebsmittel usw. auftragsabhängig wird (Auftragsarbeitsplan).

[2] Umfaßt der durchzuführende Fertigungsablauf lediglich einen einzelnen Arbeitsgang innerhalb des auftragsabhängigen Arbeitsplans (Auftragsarbeitsplan) eines Fertigungsauftrags, so wird in dieser Arbeit der Begriff "Werkstattauftrag" verwendet.

[3] Der "Automatisierungsgrad" eines Fertigungssystems oder Betriebsmittels drückt den Anteil menschlicher Einflußnahme bei der Durchführung von Fertigungsvorgängen bzw. der Verarbeitung damit in Verbindung stehender Steuerungsinformation aus /5/. Zu unterscheiden ist dabei, ob nur die Auslösung eines physischen Prozesses von Maschinen ausgeführt wird, oder ob auch entsprechende Automaten vollständig oder teilweise die Entscheidungen darüber fällen, welcher Prozeß zu initiieren ist.

autonom[1] agieren können. Diese Arbeitsstationen[2] sind vom Leitsystem, entsprechend ihrer Autonomie, zu steuern, d.h. die Anforderungen an die Flexibilität eines Leitsystems müssen zusätzlich diesen strukturabhängigen Aspekt beinhalten.

Für die Durchsetzung dieser Flexibilitätsanforderungen innerhalb eines Leitsystems wird im folgenden die Funktionsebene der "flexiblen Fertigungsführung" definiert und beschrieben. Mit ihrer Hilfe werden bei freigegebenen Werkstattaufträgen stochastische Abweichungen hinsichtlich Termin, Ressourcennutzung oder Ablauf vor deren Auslösung erkannt und mit Hilfe von eigener Entscheidungskompetenz aufgelöst. Dazu werden ständig alle Betriebsmittel sowie die aktuell ablaufenden Fertigungsprozesse überwacht, um bei Abweichungen ereignisorientiert aus einem vorgegebenen Spektrum verschiedener Reaktionsmöglichkeiten die nächsten Prozeßschritte festzulegen. Die Ableitung und Beschreibung eines dazu geeigneten Verfahrens zur flexiblen Fertigungsführung im Bereich der Kleinserienfertigung ist Inhalt dieser Arbeit. Dazu werden in einem ersten Schritt strukturelle, funktionale und ablauforientierte Randbedingungen herausgearbeitet, die als Grundlage für die im Anschluß daran beschriebene Konzeption und beispielhafte Anwendung des Verfahrens dienen.

---

[1] Mit dem Begriff "Autonomie" wird im folgenden die Fähigkeit einer Arbeitsstation beschrieben, durchzuführende Fertigungsaufgaben ohne Einbeziehung zusätzlicher, nicht zur Arbeitsstation gehörender Betriebsmittel oder über den Rahmen der Aufgabenbeschreibung hinausgehender informationstechnischer Unterstützung abzuwickeln /vgl. 4/.

[2] /109/ faßt unter dem Begriff Arbeitsstation alle Komponenten zusammen, die unmittelbar zu einem Arbeitsfortschritt am Werkstück beitragen. An einer Arbeitsstation erfährt das Werkstück eine Zustandsänderung, wobei unter Zustand nicht nur der reine Bearbeitungszustand (Rohteil, Halbfabrikat usw.) verstanden wird, sondern im weitesten Sinn auch Zwischenzustände nach einem abgeschlossenen Arbeitsgang (z. B. Drehen, Fräsen, Messen, Waschen, Transport, usw.). /109/ unterscheidet in Arbeitsstationen bestehend aus Bearbeitungsmaschinen bzw. Meß- und Kontrolleinrichtungen, sowie in autonome Zellen, die ihrerseits mehrere andere Arbeitsstationen, Fördermittel, Speicher usw. zu einer in sich geschlossenen Fertigungszelle zusammenfassen. Unter einer "Arbeitsstation" wird im Rahmen dieser Arbeit eine organisatorische, fertigungstechnische oder ablauforientierte Einheit verstanden, die informationstechnisch den detailliertesten Abbildungsgrad der Systemkomponenten eines Fertigungssystems innerhalb der flexiblen Fertigungsführung darstellt. Die Bandbreite der verschiedenen Ausprägungen einer Arbeitsstation geht dabei vom manuellen Montageplatz bis hin zur flexiblen Fertigungszelle. Es können mehrere Arbeitsplätze in einer Arbeitsstation zusammengefaßt sein, wenn aufgrund eigener Steuerungsmechanismen innerhalb der Arbeitsstation keine differenziertere Betrachtung der einzelnen Arbeitsplätze im Rahmen der flexiblen Fertigungsführung erforderlich ist.

2 Festlegung des Untersuchungsbereichs

2.1 Aufbau eines Fertigungssystems mit autonomen Arbeitsstationen

Nach /23/ umfaßt ein Fertigungssystem aus der Sicht der Systemtechnik verschiedene Komponenten, die in eine hierarchische Gesamtordnung eingebunden sind und die Funktion erfüllen, aus gegebenem Material Erzeugnisse mit geometrisch definierter Gestalt zu erzeugen. Hierbei ist bereits eine einzelne Maschine, die manuell von einem Werker bedient wird, als ein eigenständiges Fertigungssystem anzusehen. Durch ein sukzessives Erweitern der um die jeweiligen Systeme gelegten Systemgrenzen kommt man zu Fertigungssystemen höherer Ordnung, die solche niedrigerer Ordnung als Komponente enthalten /6/. Entsprechend den verschiedenen Ordnungsebenen läßt sich die Struktur eines Fertigungssystems nach /6, 8, 23, 24/ charakterisieren durch die Begriffe

- NC- bzw. CNC-Maschine,
- Bearbeitungszentrum,
- flexible Fertigungszelle,
- flexible Fertigungsstraße und
- flexibles Fertigungssystem[1].

Diese Ausprägungen eines Fertigungssystems unterscheiden sich wesentlich, wenn es um die automatische Durchführung unterschiedlicher Fertigungsvorgänge an einem Werkstück geht. Eine NC- bzw. CNC-Maschine ist zwar in der Lage, einen einzelnen Fertigungsvorgang automatisiert durchzuführen, benötigt jedoch den Menschen zur Werkstückbeschickung und für Rüstvorgänge. Bei Bearbeitungszentren können aufgrund des automatisierten Werkzeugwechsels an einem Werkstück mehrere aufeinanderfolgenden Fertigungsvorgänge mit unterschiedlichen Werkzeugen autonom abgewickelt werden. Manuell erfolgt nur noch die Werkstückbeschickung. Ein automatischer Werkstückwechsel bzw. die kurzfristige Pufferung eines Werkstücks (z.B. zur Optimierung des Werkzeugeinsatzes) ist bei flexiblen Fertigungs-

---

[1] NC- bzw. CNC-Maschinen sind Einverfahrensmaschinen mit manueller Werkstückbeschickung und NC-Programmierung. Ergänzt man diese Maschinen um einen automatischen Werkzeugwechsler, so erhält man ein Bearbeitungszentrum, das in der Regel für Mehrverfahrensbearbeitung ausgelegt ist. Eine Erweiterung des Bearbeitungszentrums um einen Werkstückspeicher mit automatischer Maschinenbeschickung, eine Werkzeugvoreinstell- bzw. Korrekturvorrichtung sowie die Erweiterung des Werkzeugspeichers auf das zur Bearbeitung sämtlicher Verfahren notwendige Fassungsvermögen führt zur flexiblen Fertigungszelle. Sind mehrere NC- bzw. CNC-Maschinen oder Bearbeitungszentren für eine mehrstufige Bearbeitung starr verkettet (gerichteter Materialfluß), so spricht man von einer flexiblen Fertigungsstraße, die nur für ein Werkstückspektrum mit gleichem oder ähnlichem Fertigungsablauf und abgestimmten Taktzeiten geeignet ist. Flexible Fertigungssysteme sind dagegen mit einer Werkstück- und Werkzeuglogistik ausgerüstet, die auf eine wahlfreie Verkettung der einzelnen Arbeitsstationen innerhalb des flexiblen Fertigungssystems ausgelegt ist. Es können parallel mehrere Werkstücke komplett bearbeitet werden, wobei ebenso einstufige wie mehrstufige Bearbeitung zulässig ist /20, 21, 22, 38, 41/.

zellen möglich, d.h. es können mehrere Werkstücke mit jeweils verschiedenen durchzuführenden Fertigungsvorgängen in der Zelle vorhanden sein und abwechselnd bearbeitet werden.

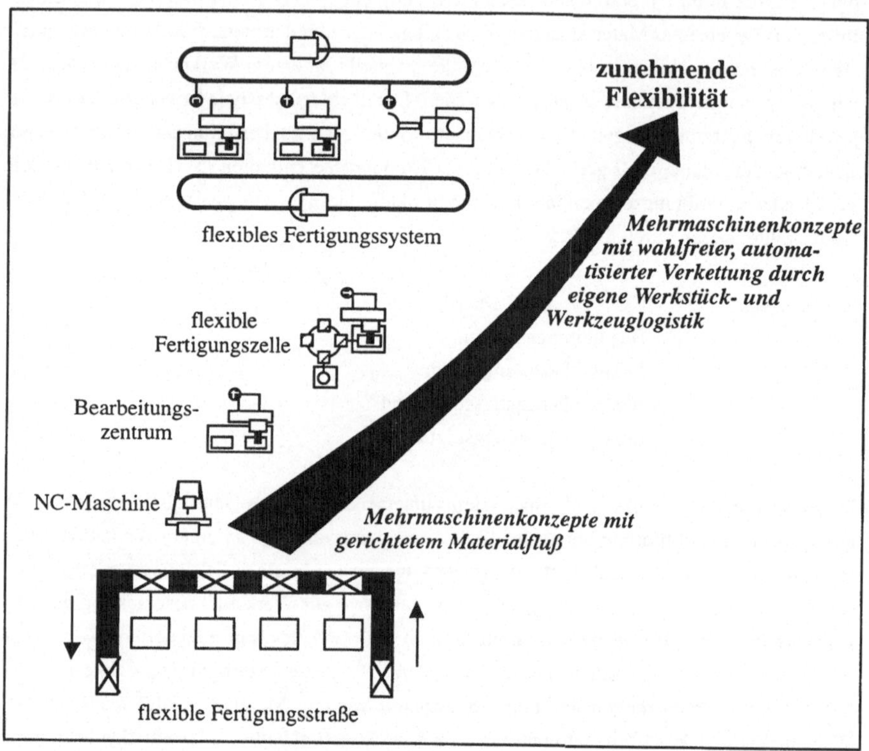

Bild 2:   charakteristische Strukturen von Fertigungssystemen /vgl. 6/

Allerdings ist zu einem Zeitpunkt nur jeweils ein Fertigungsvorgang ausführbar, da in der Regel nur eine Bearbeitungsstation (CNC-Maschine, Bearbeitungszentrum) in der Zelle enthalten ist. Der mögliche Bearbeitungsumfang beschränkt sich deshalb auch auf diese Maschine und die vorhandenen Werkzeuge und Spannmittel. Komplexe Fertigungsprozesse mit verschiedenen Bearbeitungs- und Montagevorgängen können automatisiert nur in flexiblen Fertigungssystemen ausgeführt werden. In einem solchen System sind verschiedene Arbeitsstationen (CNC-Maschinen, flexible Fertigungszellen, manuelle Montageplätze usw.) durch ein automatisiertes Transport- und Handhabungssystem für Werkstücke und Fertigungshilfsmittel wahlfrei verkettet, deshalb ist im Rahmen der von den Arbeitsstationen technisch durchführbaren Fertigungsvorgängen jeder Fertigungsablauf automatisiert möglich. Berücksichtigt man, daß diese dargestellten charakteristischen Strukturen eines Fertigungssystems jeweils nur für abgegrenzte Anwendungsgebiete wirtschaftlich eingesetzt werden können, so erklärt sich, daß zur Herstellung der vom Markt geforderten Erzeugnisvielfalt oftmals manuelle Arbeitsplätze und NC- bzw. CNC-Maschinen neben Bearbeitungszentren und flexiblen Fertigungszellen bzw. -systemen in der Fertigung vorhanden sind. Diese verschiedenen Arbeitsstationen werden durch manuelle oder automatisierte Transportsysteme untereinander verbunden, sowie materialflußtechnisch an die vorhandenen Läger angekoppelt. Transportsysteme und Läger bilden einschließlich ihrer zusätzlichen Steuerungen jeweils weitere autonome Arbeitsstationen.

Für die folgenden Überlegungen, die sich ausschließlich auf die Abbildung der Material- und Informationsflußabläufe in einem Fertigungssystem mit unterschiedlich autonomen Arbeitsstationen konzentrieren, wird deshalb ein den verschiedenen Strukturvarianten aus Bild 2 übergeordnetes Modell[1] eines Fertigungssystems zugrundegelegt. Ausgangspunkt für dieses Modell ist nicht

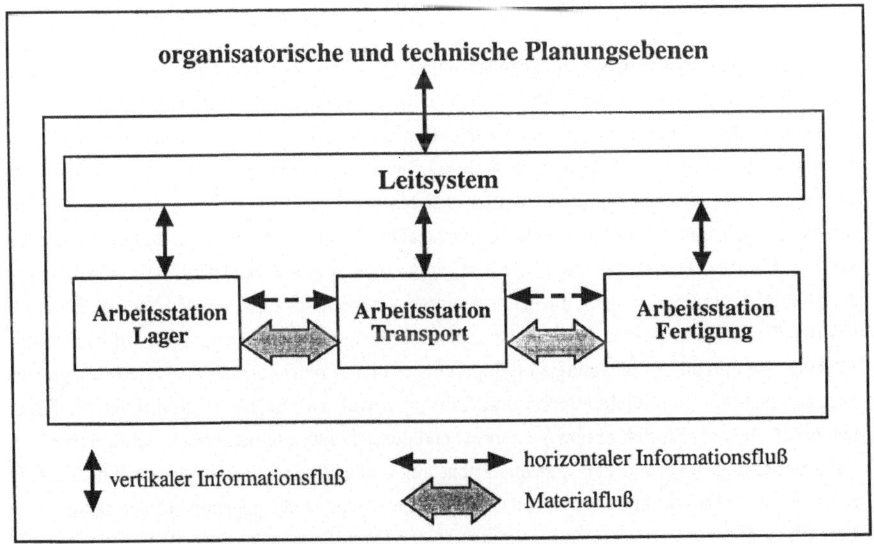

Bild 3:   Modell des Fertigungssystems /vgl. 4/

[1] Ein Modell ist ein konstruiertes, leicht veränderbares und erfaßbares System, das ein zu untersuchendes, schwer veränderbares und erfaßbares System bezüglich einer bestimmten Fragestellung repräsentiert /3/. Es repräsentiert nur diejenigen Elemente des Systems, die für die gegebene Problemstellung relevant sind /79/. Bei Anwendung von Modellen in Realwissenschaften werden oft spezielle Definitionen des Modellbegriffs verwendet. Alle Begriffsbildungen weisen jedoch auf die Abstraktheit des Modellbegriffs hin /80, 81/.

die konkrete Konfiguration der Arbeitsstationen, sondern ein generelles Konzept zur automatisierten hochflexbilen Fertigung einer definierten Gruppe ähnlicher Werkstücke. Die zu berücksichtigenden Fertigungslosgrößen sollen dabei von Einzelstückzahlen bis in den Bereich der Kleinserien gehen. Das Modell beinhaltet als Komponenten einzelne Arbeitsstationen für die Fertigung, den Transport und das Lager, sämtliche Material- und Informationsflüsse zwischen diesen Stationen sowie das zugehörende Leitsystem (Bild 3). Dieses dient der Beherrschung und Durchführung aller Fertigungs- und Materialflußprozesse innerhalb des Fertigungssystems bei größtmöglicher Flexibilität des Ablaufs hinsichtlich einzusetzender Betriebsmittel bzw. Verfahren und unter Berücksichtigung der unterschiedlich autonomen Arbeitsstationen. Auf der Basis dieses Modells werden im folgenden zunächst die Einflußgrößen der Kleinserienfertigung auf die Abbildung des Fertigungssystems erarbeitet, um in einem zweiten Schritt seinen Aufbau und die Struktur der durchzuführenden Abläufe zu untersuchen.

2.1.1 Einflußgrößen der Kleinserienfertigung

Ist bei einer kundenspezifischen Einzelfertigung der Fertigungsablauf für jeden Auftrag neu zu bestimmen, bzw. kann nur in Teilbereichen auf ähnliche, bereits durchgeführte und dokumentierte Ablaufbeschreibungen zurückgegriffen werden, so sind die Abläufe in der Serienfertigung aufgrund ihres Wiederholcharakters für verschiedene Aufträge und einen langen Zeitraum gültig. Daraus läßt sich ableiten, daß bei der Serienfertigung wesentlich detailliertere Vorgaben und Erfahrungswerte in die Beschreibung der Fertigungsabläufe einfließen können. Für den Bereich der Großserienfertigung ergeben sich daraus detaillierte Fertigungs-, Rüst- und Montageunterlagen, die es ungelernten Werkern ermöglichen, in hochspezialisierten Arbeitsstationen tätig zu sein. Der Beschreibungsumfang beschränkt sich auf die Durchführung der einzelnen Fertigungsvorgänge entsprechend dem normalen, d.h. störungsfreien Fertigungsablauf. Sondersituationen und Störungen werden von höher qualifiziertem Fachpersonal (Meister, Einrichter usw.) entsprechend deren Erfahrung bearbeitet und führen bis zu ihrer Behebung aufgrund der spezialisierten, auf große Stückzahl ausgelegten und deshalb meist nur einfach vorhandenen Arbeitsstationen zu einem Fertigungsstop für das betreffende Erzeugnis. Bei einer Kleinserienfertigung ist der Detaillierungsgrad der Durchführungsbeschreibung einzelner Fertigungsvorgänge aufgrund der geringeren Spezialisierung und höheren Flexibilität der Arbeitsstationen und des meist besseren Qualifikationsniveaus der Werker deutlich niedriger. Dafür werden verstärkt technologische oder ablauforientierte Informationen in die Ablaufbeschreibung des Fertigungsprozesses integriert, die eine Auswahl verschiedener Alternativen hinsichtlich einzusetzender Betriebsmittel und möglicher Fertigungsabläufe anbieten. Die letztendliche Entscheidung, welche der zur Verfügung stehenden Alternativen zum Einsatz kommt, erfolgt auf der Basis der aktuellen Belegungssituation der Betriebsmittel und eventueller Störungen durch eine übergeordnete Steuerungsinstanz (Werkstattsteuerung, Meister usw.). Denkbar sind hierbei Ablaufalternativen, die bei Belegung oder Störung der eingeplanten Betriebsmittel ein Ausweichen auf ersetzende Stationen oder gleichermaßen einsetzbare Fertigungsverfahren und Betriebsmittel ermöglichen bzw. eine Auswärtsbearbeitung vorsehen. Werden während der Bearbeitung Werkstücke nicht vollständig oder fehlerhaft bearbeitet, so sind im Rahmen ihrer Nachbearbeitung neue Abläufe zu definieren und durchzuführen.

Der zusätzliche Aufwand zur Pflege und Erweiterung der Ablaufbeschreibung des Fertigungsprozesses für die Kleinserienfertigung führt damit direkt zu einer Erhöhung der planbaren Fertigungsflexibilität. Alternative Abläufe und Betriebsmittel stehen zusammen mit ihren Einsatzparametern für die Anwendung bereit und können auch von automatischen Verfahren ausgewählt werden. Für die Beschreibung der Fertigungsabläufe bedeutet dies, daß neben den möglichen Alternativen auch die jeweils zugeordneten Einsatzbedingungen Bestandteil der Ablaufbeschreibung sein müssen. Diese Einsatzbedingungen ergeben sich aus den fertigungstechnischen Anforderungen der Werkstückbearbeitung (Größe, Geometrie, Verrichtung, Genauigkeit usw.) oder aus Erfahrungswerten bei wiederholter Fertigung desselben Werkstücks. Die Qualität dieser Informationen erhöht direkt den Anteil der vom Fertigungssystem selbständig durchführbaren Fertigungsvorgänge, stellt aber auch hohe Anforderungen an die Anwendungsfreundlichkeit und Erweiterbarkeit der verwendeten Beschreibungsmethode.

Fertigungssysteme für die Kleinserienfertigung bestehen aus Arbeitsstationen (Maschinen, Fertigungszellen, Transport- und Lagersystem usw.), die aufgrund des wechselnden Werkstückspektrums einen hohen Flexibilitätsgrad hinsichtlich Werkstückbearbeitung, - handhabung und -pufferung aufweisen müssen. Das zeigt sich im wesentlichen an der Fähigkeit einer Station innerhalb ihrer geometrischen und fertigungstechnischen Möglichkeiten verschiedenste Werkstücke in beliebiger Reihenfolge zu bearbeiten /77, 78/. Aufgrund der Mehrfachfertigung von Werkstücken innerhalb eines Fertigungsauftrags sind Bereitstell- und Pufferflächen für das zu verwendende Material bzw. die Werkstücke innerhalb der Arbeitsstation notwendig, deren Belegung ausschlaggebend für die Zuteilung weiterer zu bearbeitender Aufträge für diese Station ist. In vielen Fällen ist keine eindeutige Zuordnung der durchzuführenden Fertigungsaufgabe zu den einsetzbaren Betriebsmitteln möglich, da entweder die Aufgabenbeschreibung die Verwendung unterschiedlicher Betriebsmittel offen läßt, verschiedene Fertigungsverfahren zum gleichen Fertigungsergebnis führen können oder für eine Verrichtungsklasse Betriebsmittel für die verschiedensten Werkstückgrößen und -geometrien zur Verfügung stehen, die alle durch geeignete Werkzeuge und Vorrichtungen für die Durchführung der Fertigungsaufgabe umgerüstet werden können. Deshalb ist eine Auswahl der verschiedenen alternativen Betriebsmittel entsprechend ihres aktuellen Zustands, ihrer Rüstsituation oder Belegung erforderlich. Die Redundanz hinsichtlich des Betriebsmitteleinsatzes erhöht die Flexibilität des gesamten Fertigungssystems und ist Grundlage für Alternativen im Fertigungsablauf. Für das Leitsystem ergibt sich damit als Anforderung, daß es Komponenten zur Entscheidungsfindung beinhalten sollte, die ereignisorientiert im echtzeitnahen Bereich aus einer Anzahl alternativer Ablaufvarianten die Variante herausfiltern, mit deren Durchführung die bestmögliche Einhaltung der terminlichen Planungsvorgaben sichergestellt wird.

2.1.2 Einflußgrößen aufgrund unterschiedlich autonomer Arbeitsstationen

Die Ausführung von Fertigungsaufträgen als Ablauf einzelner Fertigungsvorgänge, sowie deren Zuweisung zu den ausführenden Arbeitsstationen ist eng verknüpft mit den Fähigkeiten der Stationen, die übertragenen Aufgaben fertigungs- und informationstechnisch autonom zu lösen. Dabei unterscheidet /4/ eine aufgabenbestimmende bzw. aufgabenabwickelnde Autonomie[1] . Im Fall der aufgabenbestimmenden Autonomie leitet die Arbeitsstation aus dem vorgegebenen Fertigungsauftrag alle notwendigen Fertigungsvorgänge selbständig ab, generiert die dazugehörenden Werkstattaufträge und führt sie aus. Dabei zu treffende Entscheidungen hinsichtlich Ablauf, Betriebsmitteleinsatz, Störungsbearbeitung oder Durchlaufoptimierung werden von der Arbeitsstation im Rahmen eines durch das Leitsystem definierten Handlungsfreiraums selbständig vorgenommen. Die Ausführungsüberwachung des Fertigungsauftrags sowie der Einsatz und die Kontrolle der Betriebsmittel erfolgt ebenfalls direkt durch die Arbeitsstation. Die Synchronisation verschiedener zeitgleicher oder aufeinanderfolgender Fertigungsaufträge bzw. -abläufe auf unterschiedlichen Arbeitsstationen geschieht durch direkten horizontalen Informationsaustausch zwischen den betroffen Stationen ohne Einbeziehung des Leitsystems /4, 38, 39/.

Dagegen ist die Arbeitsstation mit aufgabenabwickelnder Autonomie ausschließlich in der Lage, einen Werkstattauftrag nach ebenfalls vorgegebener, detaillierter Ablaufbeschreibung in Form von Ausführungsanweisungen für Werker oder NC-Programmen für Betriebsmittel-

---

[1] Der Autonomiebegriff wird im folgenden auf Arbeitsstationen angewendet, die entsprechend ihrer Definition sowohl automatisierte Fertigungsanlagen (Fertigungszellen, Bearbeitungszentren, usw.) wie auch Gruppen von Werkern (Montagegruppe, Arbeitsteam usw.) abbilden. Im Gegensatz dazu verwendet /107/ den Autonomiebegriff ausschließlich für Arbeitsgruppen (Fraktale), die aus Mitarbeitern direkter oder indirekter Fertigungsbereiche bestehen und Abläufe bzw. Verfahren auf der Basis eines Zielsystems sowie daraus abgeleiteter Kennzahlen zur Überwachung der Zielerreichung selbständig organisieren und optimieren.

steuerungen selbständig durchzuführen. Die Koordination und Steuerung der verschiedenen Werkstattaufträge innerhalb eines Fertigungsauftrages erfolgt zentral durch das Leitsystem. Das beinhaltet ein Ausregeln terminlicher Abweichungen von den Planvorgaben sowie die Generierung zusätzlicher Werkstattaufträge für Transport-, Bereitstellungs- oder Entsorgungsvorgänge /4, 5/.

Stationsbezogene Merkmale eines Fertigungssystems

Arbeitsstationen mit aufgabenbestimmender Autonomie

- überwiegend horizontaler Informationsfluß
- vertikaler Informationsfluß mit Leitsystem zur Auftragsübermittlung und -quittierung
- autonome Fertigungs-, Transport- und Lagerstationen mit eigenem Auftragsvorrat
- Reihenfolgeoptimierung der Aufträge durch die Arbeitsstationen
- Transportaufträge von Arbeitsstationen

Arbeitsstationen mit aufgabenabwickelnder Autonomie

- überwiegend vertikaler Informationsfluß
- horizontaler Informationsfluß zur Synchronisation der einzelnen Arbeitsstationen
- direkt geführte Fertigungs-, Transport - und Lagerstationen ohne eigenen Auftragsvorrat
- Reihenfolgeoptimierung der Aufträge durch das Leitsystem
- physische Auftragsfreigabe durch das Leitsystem
- Transportaufträge vom Leitsystem

Bild 4:   stationsbezogene Merkmale eines Fertigungssystems /vgl. 4, 5/

Abhängig vom Komplexitätsgrad der auszuführenden Fertigungsaufgabe sowie den vorhandenen Erfahrungen und Qualifikationen der aktuell in der Arbeitsstation tätigen Mitarbeiter, können sich auch Überlagerungen der aufgabenabwickelnden und aufgabenbestimmenden Autonomie ergeben. So werden beispielsweise einfache, erstmalig zu fertigende Werkstücke von Facharbeitern einer Arbeitsstation ausschließlich nach Zeichnung gefertigt, wobei der ausführende Werker für die Festlegung des Ablaufs und der anzuwendenden Betriebsmittel verantwortlich ist. Er veranlaßt ebenso alle Transportvorgänge zur Ver- bzw. Entsorgung der Arbeitsstation (aufgabenbestimmende Autonomie). In derselben Arbeitsstation erfolgt jedoch auch die Fertigung sich häufig wiederholender Serienteile durch ungelernte Werker oder Mitarbeiter anderer Arbeitsstationen im Rahmen einer Job-rotation-Maßnahme. Aufgrund ihrer fehlenden Kenntnisse und Erfahrungen sind sie nur in der Lage, die einzelnen Fertigungsvorgänge gemäß vorgegebenem Arbeitsplan und detaillierter Arbeitsgangbeschreibungen auszuführen. Die Bereitstellung von Materialien und Fertigungshilfsmitteln erfolgt zentral gesteuert durch das Leitsystem rechzeitig vor dem geplanten Starttermin, Alternativen im Ablauf oder Betriebsmitteleinsatz werden durch den zuständigen Meister vorgegeben und manuell im Leitsystem aktualisiert (aufgabenabwickelnde Autonomie).

In der Kleinserienfertigung mit ihrem breiten Erzeugnisspektrum sowie dem damit verbundenen stark wechselnden Bedarf an verschiedenen Fertigungsverfahren, Betriebsmittelkapazitäten und Mitarbeiterqualifikationen besteht ein Fertigungssystem aus einer Anzahl unterschiedlich autonomer Arbeitsstationen (Arbeitsstation mit aufgabenabwickelnder oder/und aufgabenbestimmender Autonomie). Für die Konzeption des Leitsystems ergeben sich damit folgende Forderungen:

- Abbildung der auszuführenden Fertigungsprozesse in
  der durch die Autonomie vorgegebenen Detallierung

- Einbeziehung in der Arbeitsstation vorhandener dezentraler
  Entscheidungskompetenz in die Ablaufsteuerung des Fertigungssystems

- Integration dezentraler Steuerungskomponenten der Arbeitsstationen in die Informationsarchitektur des Gesamtsystems

- Aufbau eines der Autonomie der Arbeitsstationen angepaßten
  Kommunikations- und Rückmeldungssystems.

Besonders die Verwendung von Informationen und Erfahrungen über den Ablauf, die Betriebsmittel sowie die Mitarbeiter in einer Arbeitsstation können zu einer verbesserten Vorplanung der dort abzuwickelnden Fertigungsvorgänge führen und sind gleichzeitig Basis für die echtzeitnahe Entscheidung aktueller Durchführungsprobleme innerhalb der Arbeitsstation. Je größer der Entscheidungsbedarf aufgrund von Planungsabweichungen, Betriebsmittelstörungen oder Fertigungsproblemen ist, um so mehr steigen die Anforderungen an die Entscheidungsinstanz in der Arbeitsstation. Da diese Entscheidungen in der Regel durch Mitarbeiter oder Meister getroffen werden, deren Aufgabenbereiche eine Vielzahl weiterer Tätigkeiten beinhalten, sind Instrumente und Mechanismen zu ihrer Entscheidungsunterstützung notwendig. Dies sind entweder Visualisierungs- und Umplanungshilfsmittel, die den menschlichen Entscheidungsprozeß durch Informationsbereitstellung, Bewertung sowie Möglichkeiten zur Simulation unterstützen, oder Informationssysteme, die einen Teil der Entscheidungen quasi selbständig auf der Basis vorgegebener Alternativen oder Wissensstrukturen treffen. Die Ausführungsnähe der notwendigen Entscheidung bedingt minimale Zeiten für den Entscheidungsprozeß und höchstmögliche Aktualität der Entscheidungsgrundlagen.

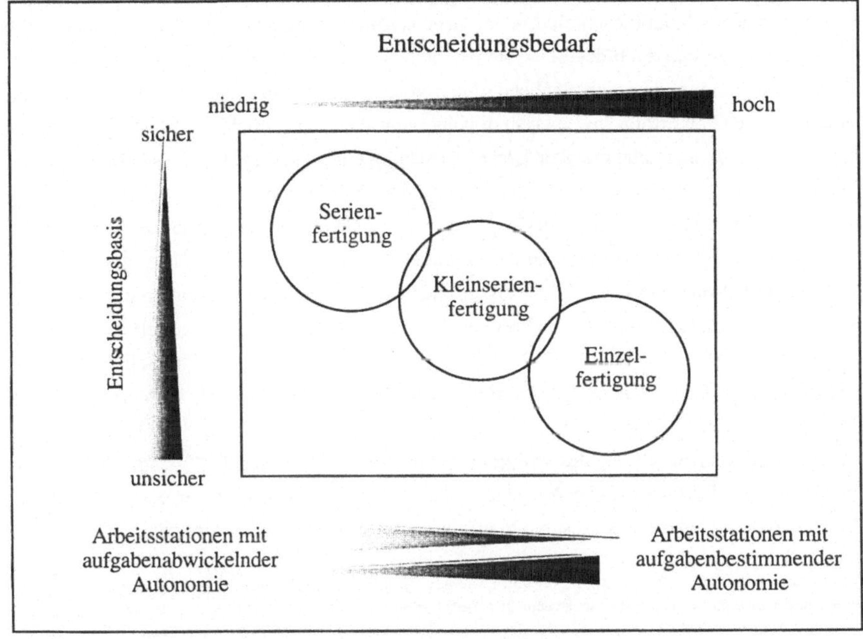

Bild 5:   Einsatzfelder von Arbeitsstationen mit aufgabenbestimmender/ aufgabenabwickelnder Autonomie

2.2   Aufgaben des Leitsystems

Das Leitsystem bildet im Modell eines Fertigungssystems nach Bild 3 eine in sich geschlossene Komponente, die über Schnittstellen zu allen Arbeitsstationen sowie zu den übergeordneten organisatorischen und technischen Planungsebenen verfügt. Es übernimmt damit die Rolle einer Vermittlungsinstanz zwischen den Planungsebenen und den ausführenden Einheiten mit der zusätzlichen Anforderung, den höheren Detaillierungsgrad bei der Ausführung bezogen auf die Vorgaben der Planungsebenen durch eigene Planungs- und Entscheidungsfunktionen sinnvoll auszunutzen[1] .

Aufträge, die von der Produktionsplanung und -steuerung freigegeben und zusammen mit der dazugehörenden Ablaufbeschreibung der Arbeitsvorbereitung an das Leitsystem übermittelt wurden, können innerhalb des Leitsystems entweder in der Reihenfolge ihrer Ankunft, nach Prioritäten geordnet oder entsprechend einem vorgegebenen Planungstermin bearbeitet werden. Im ersten Fall erfolgt im Leitsystem keine durchlauf-, termin- oder auslastungsbezogene Optimierung, d. h. die planungskonforme Umsetzung eines Auftrags hängt ausschließlich von der Zeit seiner Übergabe an das Leitsystem ab, das in diesem Fall die Ausführung nur noch anstößt, überwacht und den Fertigungsfortschritt oder die Betriebszustände einzelner Arbeitsstationen und Betriebsmittel an die Produktionsplanung und -steuerung meldet. Prioritäten werden entweder im Rahmen der organisatorischen Planung festgelegt und bilden die Basis für die Bearbeitungsreihenfolge im Leitsystem oder das Leitsystem ermittelt die Priotiäten selbst nach Verfahren wie z. B. Kürzeste Operationszeitregel (KOZ), Schlupfzeitregel (SLACK) usw. /10/. Werden mit den Fertigungs- bzw. Werkstattaufträgen Vorgabetermine für deren Durchführung an das Leitsystem übertragen, so obliegt die Reihenfolge ihrer Ausführung unter Beachtung des fertigungstechnischen Ablaufs und der Termine dem Leitsystem. Zeitliche Puffer einzelner Aufträge können somit zum Ausgleich von Kapazitätsspitzen bzw. zur Optimierung des Gesamtablaufs aller Aufträge verwendet werden. Für die Zur

---

1) Mit dem Begriff des "Leitens" sind Tätigkeiten wie das Veranlassen, Beauftragen, Koordinieren und Überwachen untergeordneter Instanzen verbunden. Im steuerungstechnischen Sinn sind das mehr indirekt steuernde oder organisatorisch steuernde Aufgaben /29, 32, 33, 49, 82, 82/. Der Begriff "Leitsystem" wird in dieser Arbeit ausschließlich als Bestandteil von Fertigungssystemen im Maschinenbaubereich verwendet, die sich mit der Abwicklung von Stückprozessen befassen. Leitsysteme, wie sie in der verfahrenstechnischen oder chemischen Industrie in Form von Prozeßleitsystemen Verwendung finden, bleiben in dieser Arbeit unberücksichtigt.
Leitsysteme in der Fertigung unterscheiden sich hinsichtlich ihrer Funktionalität und dem Umfang der zu "leitenden" technischen Komponenten. Das Spektrum reicht hier vom zentralen Leitsystem zur übergeordneten Steuerung eines gesamten Fertigungssystems bis hin zu Leitsystemen für einzelne Funktionen innerhalb einer Werkstatt oder Maschinengruppe (Leitsystem eines Bearbeitungszentrums, Fertigungsleitstand eines Meisterbereichs, BDE-System, DNC-System, usw.) . /35, 36/ grenzt den Begriff "Leitsystem" ab zu Begriffen wie:

- DNC-System (Direct Numerical Control): System zur Verwaltung und Verteilung von Maschinensteuerdaten und NC-
    Programmen
- BDE/MDE-System (BetriebsDatenErfassung/MaschinenDatenErfassung): System zur manuellen oder automatischen Erfassung und Verdichtung von Maschinendaten und Fertigungsrückmeldungen
- Werkstattsteuerungssystem: System zur weiteren Verteilung von Aufträgen an einzelne Kapazitäten in einer konventionellen Fertigung. Es arbeitet im Unterschied zur auftrags- und maschinengruppenbezogenen Planung in PPS-Systemen arbeitsgang- oder maschinenbezogen. Teilweise werden die Begriffe Werkstattsteuerung und Fertigungssteuerung synonym verwendet /9, 48/.
- Fertigungsleitstand: graphisches Instrument zur Unterstützung der manuellen Werkstattsteuerung, sowie zur Überwachung der Betriebszustände von Maschinen und des Fertigungsfortschritts. Verfügt über Standardeinplanungsmethoden, stellt aber sonst nur ein "Fenster zum Fertigungsprozeß" dar. Aufgrund der Aktualisierungsnotwendigkeit sind Fertigungsleitstände oft mit dem Einsatz von BDE-/MDE-Systemen gekoppelt. Eine Übersicht der verschiedenen Leitstandssysteme und ihrer Funktionalität gibt /105, 106/.

Durchführung eines Werkstattauftrags sind innerhalb des Leitsystems zusätzliche Vorgänge anzustoßen, die nicht in der Ablaufbeschreibung einer Produktionsplanung und -steuerung enthalten sind. Hierzu gehören nach /113/

- das Splitten des Auftrags in Fertigungs- und Transportlose
- das Einführen zusätzlicher Handhabungsvorgänge (Werkstück einlegen, fixieren, herausnehmen usw.)
- das Ergänzen von Transport- und Lagervorgängen (Bereitstellung Material bzw. Fertigungshilfsmittel aus Lager, Transport Material bzw. Fertigungshilfsmittel zu Arbeitsstation oder ins Lager usw.).

Diese Vorgänge werden ebenso wie die Arbeitspläne der Produktionsplanung und -steuerung von der Arbeitsvorbereitung im Rahmen der technischen Planung beschrieben und als detaillierte Form der Ablaufbeschreibung einschließlich möglicher Alternativen sowie benötigter Materialien und Betriebsmittel dem Leitsystem zur Verfügung gestellt. Arbeitsschritte zur Qualitätssicherung sind Bestandteil der Arbeitspläne. Alle aus den Ergebnissen der Qualitätssicherung resultierenden Änderungen im Fertigungsablauf (Nacharbeit, Ausschuß usw.) werden entweder im Bedarfsfall durch den Meister spezifiziert und manuell im Leitsystem nachgeführt oder es werden vorab im Rahmen der Arbeitsvorbereitung Standardabläufe mit zugehörenden Einsatzbedingungen definiert und in die Ablaufbeschreibung für das Leitsystem integriert. Letzteres ermöglicht die selbständige Entscheidung über den weiteren Fertigungsablauf im Fehlerfall durch das Leitsystem und stellt eine erhebliche Entlastung des Meisters dar.

Die Ausführung der einzelnen Fertigungsvorgänge in einer Arbeitsstation wird vom Leitsystem durch die Übermittlung einer Meldung ausgelöst, die entsprechend dem Aufbau und den Fähigkeiten der Arbeitsstation einen Arbeitsinhalt von einem oder mehreren Arbeitsvorgängen (Werkstattaufträgen) beinhalten kann. Der Anstoß zur Ausführung geschieht in jedem Fall ereignisorientiert (durch Freiwerden der benötigten NC-Maschinen, durch Erreichen des geplanten Starttermins usw.). Sehr oft sind die Fertigungsvorgänge an die Ausführung von NC-Programmen gekoppelt, die durch die Übertragung des betreffenden NC-Programms direkt gestartet werden. Während der Ausführung eines Auftrags überwacht das Leitsystem die Abarbeitung der damit verbundenen Fertigungsvorgänge sowie den Zustand[1] aller Arbeitsstationen und Betriebsmittel. Dazu übertragen die Arbeitsstationen ereignisorientiert Änderungen ihres Betriebszustands, des Fertigungsfortschritts sowie Abweichungen von Planvorgaben als Fertigungsrückmeldungen an das Leitsystem. Dieses meldet den aktuellen Ausführungsstand der Fertigungsaufträge sowie längerfristige Störungen von Arbeitsstationen und Betriebsmitteln an die Produktionsplanung und -steuerung weiter.

Der Steuerungsablauf innerhalb eines Leitsystems ist gekennzeichnet durch ständige, ereignisorientierte Einplanung und Auslösung von Aufträgen und Fertigungsvorgängen sowie der Verfügbarkeitsprüfung des zugehörenden Materials und der Betriebsmittel[2]. Deren zeitsynchrone Betrachtung resultiert in einer realistischen, d. h. mit der aktuellen Fertigungssituation abgestimmten Umsetzung der Planvorgaben. Durch die ständige Überwachung der Fertigungsabläufe, Arbeitsstationen und Betriebsmittel werden sämtliche steuerungsrelevanten Informationen erfaßt und stehen als Entscheidungsgrundlage dem Leitsystem sowie der Produktionsplanung und -steuerung zur Verfügung. Störungen und Sondersituationen in der Fertigung müssen durch kurzfristige Entscheidungs- und Handlungsmechanismen entweder innerhalb des Leitsystems bearbeitet werden oder sind an die Produktionsplanung und -steuerung weiterzuleiten. Die Zuständigkeit ergibt sich dabei aus dem geforderten Reaktionszeitverhalten bzw. der Komplexität der einzelnen Entscheidungen und ihrer Auswirkungen auf den Fertigungsablauf. Störungen kapazitiv stark ausgelasteter Arbeitsstationen werden deshalb beispielsweise eher durch die Produktionsplanung und -steuerung bearbeitet, dagegen können geringfügige Terminabweichungen oder aktuelle Veränderungen der Betriebsmittelbelegung (Belegung einer Ausweichmaschine usw.) im Leitsystem aufgrund der begrenzten Anzahl zu betrachtender Alternativen und Abläufe echtzeitnah entschieden werden /50/.

---

[1] Unter einem Zustand versteht /97/ die mögliche momentane Ausprägung der Umgebung. Ausgehend von einem Startzustand wird ein Weg durch einen Zustandsraum gesucht, um einen Zielzustand zu erreichen. Der gesuchte Weg ist dann eine Folge von Zuständen, deren Übergänge durch Operatoren beschrieben werden, die die Umformung eines Zustands in seinen Folgezustand beschreiben. Der Gesamtzustand eines Systems, bezogen auf relevante Dinge und einen begrenzten Zeitraum, wird als Situation bezeichnet. Sie kann nie vollständig beschrieben werden, da niemals alle Dinge zu ihrer Definition miteinbezogen werden können. Der Betrachtungszeitraum für eine Situation kann ein momentaner Zeitpunkt oder aber ein längeres Zeitintervall sein. Für diese Arbeit wird der Situationsbegriff ausschließlich zeitpunktorientiert verwendet.

[2] Mit dem Begriff "Steuerung" ist nach /79/ eine Form der Prozeßbeherrschung durch Beeinflussung der Ausgangsgrößen eines Systems durch eine oder mehrere Einflußgrößen beschrieben. Mit "Steuerung" ist in diesem Zusammenhang jedoch nicht die direkt echtzeitorientierte Form der Prozeßbeherrschung gemeint, sondern eine ablauforientierte Auftragsdurchsetzung, die in Form eines Regelkreises Rückmeldungen der Arbeitsstationen entgegennimmt, verarbeitet und, basierend auf diesen Meldungen, Werkstattaufträge bzw. einzelne Fertigungsvorgänge einplant, zustellt, veranlaßt und überwacht.

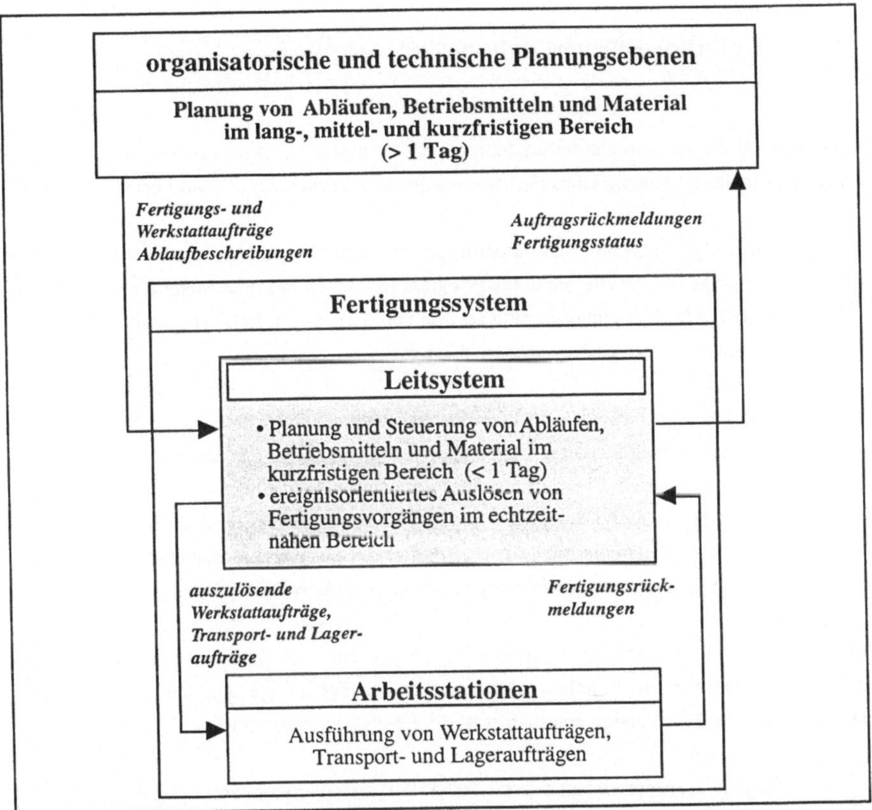

Bild 6:   Funktionale und informatorische Eingliederung des Leitsystems /vgl. 4/

In einem Fertigungssystem für Kleinserien ist aufgrund des stark wechselnden Erzeugnisspektrums, der engen Terminsituation und der Vielzahl durchzuführender Fertigungsvorgänge und -abläufe gerade im kurzfristigen bis echtzeitnahen Bereich mit einem hohen Maß an Planabweichungen und korrigierenden Eingriffen in den Fertigungsablauf zu rechnen. Durch zusätzlich auftretende Störungen der Betriebsmittel und durch kurzfristige technische Änderungen von Werkstücken und Fertigungsabläufen wird dies noch verstärkt. Deshalb muß das Leitsystem einer Kleinserienfertigung für eine weitgehend selbständige Bearbeitung dieser Sondersituationen ausgelegt sein und abhängig von der Autonomie der einzelnen Arbeitsstationen Maßnahmen einleiten.

2.3 Fertigungsführung als Bestandteil des Leitsystems

Entsprechend der Autonomie der ausführenden Arbeitsstation ist im Leitsystem eine Differenzierung in der Bedeutung eines Fertigungsauftrags vorzunehmen. Er wird betrachtet als

- eine Folge einzelner Werkstattaufträge und zusätzlich durchzuführender Fertigungsvorgänge mit jeweils genau festgelegtem Betriebsmittel- und Materialeinsatz, wobei jeder Fertigungsvorgang einzeln vom Leitsystem freigegeben und in seiner Ausführung überwacht wird, oder

- eine Menge verschiedener, untereinander verketteter Ablaufsegmente, die jeweils aus mehreren Werkstattaufträgen oder Fertigungsvorgängen bestehen, wobei das Leitsystem die Ausführung eines gesamten Ablaufsegments vollständig an eine Arbeitsstation übergibt, die Art und Reihenfolge der einzelnen Bearbeitungsschritte einschließlich der erforderlichen Betriebsmittel selbständig festlegt, sowie deren Ausführung veranlaßt und überwacht.

Ein Werkstattauftrag kann - materialflußtechnisch gesehen - aus einem oder mehreren Behältern (Transporteinheiten) bestehen, abhängig von der Fertigungs- und Transportlosgröße. Deshalb kann die Feinplanung eines Auftrags im Leitsystem entweder

- für jede Transporteinheit separat den Ablauf prozeßentkoppelt festlegen und als bindende Vorgabe an die ausführenden Arbeitsstationen übergeben oder

- für alle Werkstattaufträge den Ablauf prozeßentkoppelt ohne Berücksichtigung der Transporteinheiten bestimmen und den exakten Durchlauf der Transporteinheiten erst zur Ausführungszeit prozeßgekoppelt ermitteln oder durch die Arbeitsstationen ermitteln lassen.

Für die Arbeitsweise und das Reaktionsverhalten des Leitsystems ergibt sich daraus, daß die Bearbeitung von Fertigungsvorgängen im Leitsystem für alle prozeßgekoppelten Vorgänge im echtzeitnahen Bereich liegen muß, während alle prozeßentkoppelten Vorgänge bzw. Ausführungsanweisungen an Arbeitsstationen mit aufgabenbestimmender Autonomie als zeitlich unkritisch zu behandeln sind. Aus diesen ablauf- und zeitbezogenen Anforderungen an das

Leitsystem lassen sich Vorgaben für seinen funktionalen Aufbau ableiten. /114, 115/ sehen beispielsweise die Funktionsebenen Auftragsfeinplanung (prozeßentkoppelte, auftragsbezogene Feinplanung), Durchsetzungsplanung (prozeßgekoppelte oder prozeßentkoppelte, transporteinheitenbezogene Feinplanung) und Auftragsdurchsetzung (Ausführungssteuerung) vor. Im folgenden soll jedoch die Begrifflichkeit nach /4/ verwendet werden, die eine Unterscheidung in die Funktionsebenen Fertigungsleitung und Fertigungsführung vorsieht.

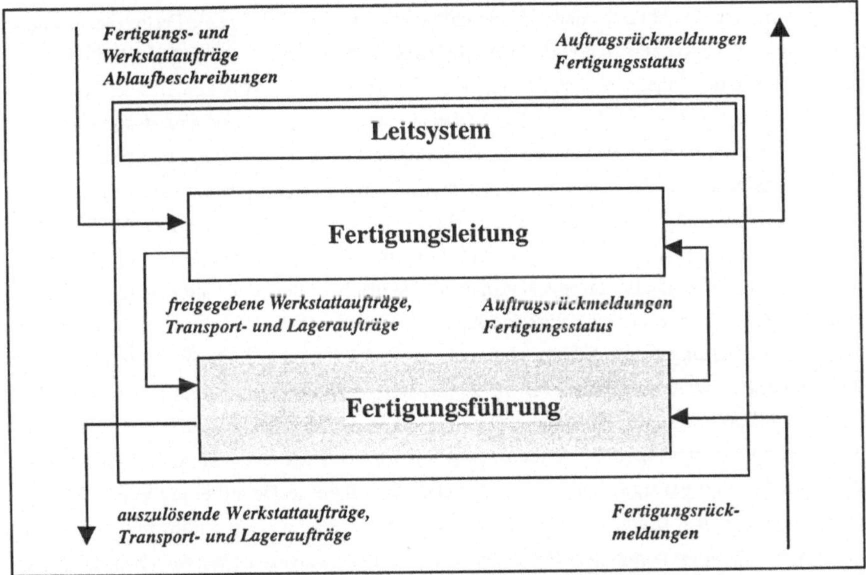

Bild 7:   Fertigungsführung als Funktionsebene eines Leitsystems /vgl. 4/

Von der Funktionsebene Fertigungsleitung wird die Generierung der terminlichen Reihenfolge der Werkstattaufträge, die Belegung der Kapazitäten (Betriebsmittel, Werker) und die Bereitstellung von Material und Fertigungshilfsmitteln vorgenommen und mit der planerischen Verfügbarkeit der Ressourcen abgestimmt. Die daraus resultierenden, freigegebenen Werkstattaufträge oder Transport- und Lageraufträge werden an die Funktionsebene Fertigungsführung übergeben. Dort erfolgt – abhängig von der physischen Verfügbarkeit der Ressourcen – das ereignisorientierte Auslösen der verschiedenen Fertigungsvorgänge in den Arbeitsstationen. Dabei müssen Fertigungsvorgänge hinsichtlich Termin und Ablauf synchronisiert werden, gegebenenfalls sind dazu detaillierte Ablaufbeschreibungen oder Strategien zur Störungsbeseitigung zu berücksichtigen.

Zu den Aufgaben der Fertigungsführung gehört auch die informations- und steuerungstechnische Integration der unterschiedlich autonomen Arbeitsstationen in die gesamte Ablaufsteuerung des Fertigungssystems. Die Fertigungsführung übernimmt bei Arbeitsstationen mit aufgabenbestimmender Autonomie neben der Kommunikation im wesentlichen Koordinationsaufgaben zwischen den verschiedenen Arbeitsstationen, um die verschiedenen Fertigungsabläufe zu synchronisieren bzw. die Bereitstellung von Material und Fertigungshilfsmitteln zu organisieren. An der Ablaufsteuerung innerhalb einer Arbeitsstation ist die Fertigungsführung nicht beteiligt. Es können während der Ausführung in einer Arbeitsstation jedoch Störungen oder Konfliktsituationen auftreten (längere Störungsdauern, Fehlen gemeinsam genutzter Hilfsmittel usw.), die mit den lokalen Steuerungsinformationen der Arbeitsstation nicht bearbeitet werden können, da entweder Informationen über andere Arbeitsstationen oder den Zustand des gesamten Fertigungssystems fehlen. Deshalb erfolgt ihre Bearbeitung im Rahmen der Fertigungsführung, gegebenenfalls unter Berücksichtigung alternativer Abläufe oder Betriebsmittel. Innerhalb des Handlungsfreiraums des Fertigungsführung kann, aufbauend auf dem aktuellen Zustand aller Arbeitsstationen und Betriebsmittel sowie aller laufenden Fertigungsvorgänge, kurzfristig eine Entscheidung über den weiteren Fertigungsablauf getroffen oder die Bearbeitung an die Fertigungsleitung bzw. die übergeordnete Produktionsplanung und -steuerung weitergegeben werden. Bei Arbeitsstationen mit aufgabenabwickelnder Autonomie übernimmt die Fertigungsführung die genaue Spezifikation aller von der Fertigungsleitung freigegebenen Werkstattaufträge bis hin zu direkt von der Arbeitsstation ausführbaren Fertigungsvorgängen. Dazu ist gegebenenfalls eine Detaillierung der Ablaufbeschreibung oder die Ergänzung von Transport- und Lagervorgängen notwendig. Können mehrere Fertigungsvorgänge parallel in der Arbeitsstation ausgeführt werden (Bearbeitungs- und Rüst- bzw. Handhabungsvorgänge), so sind Entscheidungsmechanismen erforderlich, die eine Synchronisation und Koordination der verschiedenen Aktivitäten innerhalb der Station hinsichtlich Termin und Ressourcennutzung sicherstellen.

Aufgrund der unterschiedlichen Anforderungen an die Fertigungsführung erfordert ihre funktionale Definition einen umfassenden Ansatz, der manuelle Fertigungsvorgänge und Arbeitsplätze genauso berücksichtigt, wie komplexe Ablaufsequenzen in Fertigungszellen. Auf der Basis einer Klassifizierung und Beschreibung der Fertigungsvorgänge und -abläufe werden im folgenden Funktionsbausteine sowie deren Aufgaben innerhalb der Fertigungsführung abgeleitet.

2.3.1 Beschreibung von Fertigungsvorgängen und -abläufen

Da in der Funktionsebene Fertigungsleitung nicht alle zur Ausführung der Werkstattaufträge notwendigen Transport-, Lager-, Rüst- oder Bereitstellungsvorgänge sowie sonstige ergänzende Fertigungsvorgänge geplant werden, fällt der Funktionsebene Fertigungsführung die Aufgabe zu, diese Vorgänge in den Ablauf zu integrieren. Ebenso können alternative Abläufe oder alternativ zu nutzende Ressourcen ergänzt werden. Diese Detaillierung der Ablaufbeschreibung muß den Anforderungen der unterschiedlich autonomen Arbeitsstationen entsprechen. Daraus resultieren verschiedene Detaillierungsstufen der Beschreibung von Fertigungsprozessen, die im folgenden, entsprechend der Klassifizierung nach /5/, unterschieden werden in

- Fertigungstransaktionen
- Fertigungsaktionen und
- Fertigungsoperationen.

Fertigungsoperationen kennzeichnen den höchsten Detaillierungsgrad, den die Fertigungsführung eines Leitsystems abbilden muß. Der einer Fertigungsoperation zugeordnete Vorgang wird durch Kommunikation in Form von Ausführungsbefehlen und Signalfolgen[1] zwischen der Ebene der Fertigungsführung und der Steuerungseinheit einer Arbeitsstation ausgelöst und überwacht. Eine Fertigungsoperation bewirkt in der Station definierte Zustandsveränderungen der eingesetzten Betriebsmittel und des Materials. Diese Zustandsveränderungen kennzeichnen zusammen mit den auslösenden Ausführungsbefehlen und Signalfolgen eine Fertigungsoperation. Beispiele für Fertigungsoperationen sind:

- NC-Programm Download
- Starten NC-Programm (Start der Werkstückbearbeitung)
- NC-Programm Upload (Rückmeldung geänderter Parameter).

Die Zusammenfassung mehrerer durch den Fertigungsablauf verketteter Fertigungsoperationen bildet die Basis zur Definition von Fertigungsaktionen, welche sich durch Werkstück- oder Ortsveränderungen charakterisieren lassen und fertigungstechnisch ohne Unterbrechung auf einer Station durchzuführen sind. Eine Fertigungsaktion umfaßt damit den Arbeitsinhalt eines Werkstatt-, Lager- oder Transportauftrags. Für die Ebene der Fertigungsführung wird vorausgesetzt, daß alle Fertigungsparameter und Vorgaben von den technischen Planungsebe-

---

[1] Zu unterscheiden sind Signale, die bestimmte mechanische Veränderungen und Abläufe in der Arbeitsstation initiieren (Aktoren), von Signalen, die den Eintritt von physischen Zuständen anzeigen oder den Beginn bzw. das Ende mechanischer Prozesse signalisieren.

nen abgeklärt und in die auszuführenden NC-, RC- oder Ausführungsprogramme der Stationen eingearbeitet sind. Soll die Fertigungsaktion manuell durchgeführt werden, sind entsprechende Unterlagen bereitzustellen. Beispiele für Fertigungsaktionen sind:

- Bearbeitungsvorgänge eines Werkstücks (z.B. Fräsen Kontur)
- Montieren einer Baugruppe (z.B. Bestücken Leiterplatte)
- Transport von Teilen (z. B. Bereitstellen Rohmaterial).

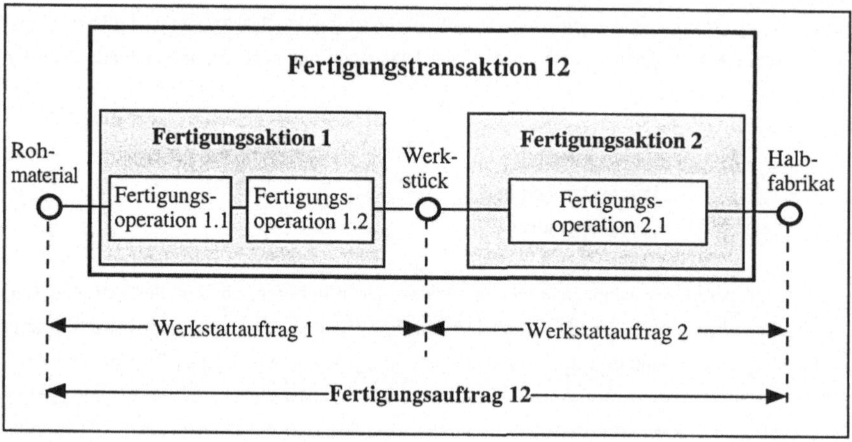

Bild 8:   Klassifizierung von Fertigungsvorgängen, -abläufen und Aufträgen nach /5/

Stand bei den Überlegungen zur Fertigungsoperation und -aktion im wesentlichen die Steuerung der Betriebsmittel im Vordergrund, so erfolgt in der Fertigungstransaktion der Übergang
zum Fertigungsablauf des Erzeugnisses, der Baugruppe oder des Halbfabrikats und aller dazu
notwendigen technischen Vorgaben. Daraus ergibt sich die Fertigungstransaktion als Sequenz
von Fertigungsaktionen. Übertragen auf die Begrifflichkeit nach /40/ entspricht die Fertigungstransaktion dem Arbeitsinhalt eines Fertigungsauftrags und umfaßt die Durchführung
aller Fertigungsvorgänge zur vollständigen Herstellung des im Auftrag spezifizierten Werkstücks.

2.3.2 Aufbau und Aufgaben der Fertigungsführung

Aufbau und Aufgaben der Fertigungsführung werden beeinflußt durch die Integration unterschiedlich autonomer Arbeitsstationen, sowie die damit verbundenen Detaillierungsstufen nach 2.3.1. Eingehende freigegebene Werkstatt-, Transport- oder Lageraufträge müssen den Ausführungsmöglichkeiten der eingeplanten Arbeitsstationen angepaßt werden. Dazu sind stationsspezifisch weitere Fertigungsaktionen für zusätzliche Bereitstellungs- bzw. Fertigungsvorgänge zu ergänzen, oder der Auftrag ist zur Auslösung in einzelnen Fertigungsaktionen zu detaillieren.

Zunächst werden deshalb alle freigegebenen Werkstatt-, Transport- und Lageraufträge mit Hilfe der Ablaufbeschreibung des Fertigungsprozesses in Fertigungsaktionen transformiert. Die Ablaufbeschreibung hat dazu eine aktionsorientierte Detaillierungsebene, in der auch zusätzlich auszulösende Fertigungsaktionen, sowie mögliche Alternativen abgebildet sind. Wird bei der Überprüfung der Betriebsmittel- oder Materialverfügbarkeit festgestellt, daß die zur Ausführung der Fertigungsaktion notwendigen Betriebsmittel belegt bzw. gestört sind oder Material in der Station fehlt, so kann auf diese Alternativen zurückgegriffen werden. Erst nachdem alle benötigten Materialien und Betriebsmittel bereitstehen, wird die Fertigungsaktion freigegeben bzw. ausgelöst. Erfolgt die Ausführung auf einer Arbeitsstation mit aufgabenbestimmender Autonomie, so kann die Fertigungsaktion direkt ausgelöst werden. Im Falle einer Arbeitsstation mit aufgabenabwickelnder Autonomie ist ihre weitere Detaillierung in Fertigungsoperationen erforderlich.

Für die Umsetzung der freigegebenen Fertigungsaktionen in Fertigungsoperationen wird die operationsorientierte Detaillierungsebene der Ablaufbeschreibung verwendet. Die resultierenden Fertigungsoperationen werden nach Überprüfung der Betriebsmittel- und Materialverfügbarkeit direkt von der Fertigungsführung ausgelöst.

Die Kontrolle des Fertigungsfortschrittes bzw. der vorgangs- oder stationsbezogenen Zustände einzelner Betriebsmittel erfolgt mit Hilfe der Fertigungsrückmeldungen. Innerhalb der Fertigungsführung werden Abbildungen der aktuellen Fertigungssituation geführt, die durch

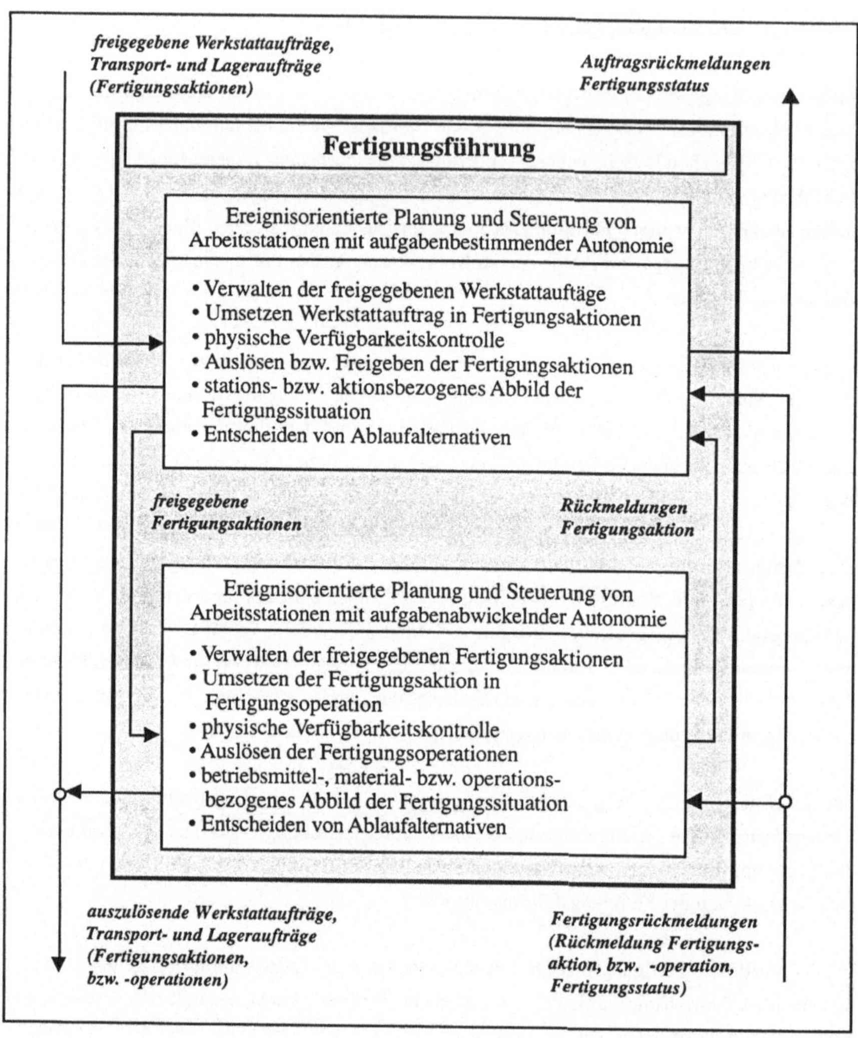

Bild 9:   Aufgaben der Fertigungsführung

diese Rückmeldungen aktualisiert werden. Dabei unterscheidet sich die Abbildungsgenauigkeit entsprechend dem Detaillierungsgrad der zu steuernden Fertigungsvorgänge oder der
Autonomie der Arbeitsstationen. So werden beispielsweise von Fertigungszellen (Arbeitsstationen mit aufgabenbestimmender Autonomie) ausschließlich aktionsbezogene Rückmel-

dungen berücksichtigt, während bei einer direkt geführten CNC-Maschine (Arbeitsstation mit aufgabenabwickelnder Autonomie) alle Signale, Zustände oder Stati einzelner Vorgänge, Betriebsmittel oder Werkstücke als Fertigungsrückmeldungen verarbeitet und abgebildet werden können.

Über ihre Ein- und Ausgangsgrößen bildet die Fertigungsführung das Verbindungselement zwischen der Fertigungsleitung und den ausführenden Arbeitsstationen. Dies jedoch nicht im Sinne einer ausschließlichen Informationsübertragung sondern vielmehr als aktives Koppel- und Stellglied zweier Regelkreise. Dadurch wird bei Eintreten eines zu bearbeitenden Ereignisses[1] aus der Ausführungsebene (z.B. Änderung des Fertigungsfortschritts oder des Zustands eines Betriebsmittels) oder der übergeordneten Fertigungsleitung (z.B. Änderung von Planvorgaben oder Terminen) eine sofortige und umfassende Reaktion sichergestellt. Dies beinhaltet einerseits die autonome Bearbeitung des Ereignisses innerhalb der Fertigungsführung, andererseits die umgehende Weiterleitung aller mit dem Ereignis verbundenen Informationen an die übergeordnete Fertigungsleitung zur dortigen Bearbeitung. Die innerhalb der Fertigungsführung erfolgte Differenzierung der Aufgabenbereiche hinsichtlich der Autonomie zu steuernder Arbeitsstationen (siehe Bild 9) ergibt sich aus der notwendigen, unterschiedlichen Detaillierung der Fertigungsabläufe in Fertigungsaktionen bzw. -operationen sowie den daraus resultierenden Abbildungsebenen des Fertigungsprozesses. Gelingt es, durch eine geeignete Beschreibungsmethodik das Abbildungsverfahren von Fertigungssystem und -prozeß so flexibel zu gestalten, daß alle notwendigen Detaillierungsstufen damit konsistent abbildbar werden, so ist diese Differenzierung neu zu überdenken. Für die systemtechnische Umsetzung der Fertigungsführung bedeutet die Integration der beiden Aufgabenbereiche, daß die ausführenden Funktionsbausteine für die einzelnen Aufgaben hinsichtlich der Anforderungen an ihr Reaktionsverhalten unabhängig vom Typ der Arbeitsstation im echtzeitnahen Bereich liegen.

---

[1] Ein Ereignis ist nach /91/ verbunden mit der Änderung der Ausprägung eines Objekts sowie der Spezifikation des Zeitpunktes seines Auftretens. Dadurch kann der Zeitbegriff in Form von Ereignissen diskontinuierlich beschrieben werden. /97/ verbindet das Ereignis mit dem Faktum seines Stattfindens und beschränkt die Definition deshalb auf den Zeitbegriff. Dies ist jedoch für den Themenbereich dieser Arbeit zu eng gefaßt.

2.3.3   Elemente der Flexibilität in der Fertigungsführung

Die Flexibilität[1] der Fertigungsführung zeigt sich in der Fähigkeit, Fertigungsprozesse mit unterschiedlichem Detaillierungsgrad und Zeitverhalten nebeneinander in einem Fertigungssystem mit verschiedenen, beliebig autonomen Arbeitsstationen zu steuern. Sie beinhaltet aber auch die Möglichkeit, Fertigungsabläufe einschließlich vorgebbarer Alternativen zu beschreiben und auszuführen, sowie die aktuelle Fertigungssituation bezogen auf den Zustand aller Betriebsmittel oder ablaufender Fertigungsvorgänge darzustellen. Veränderungen von

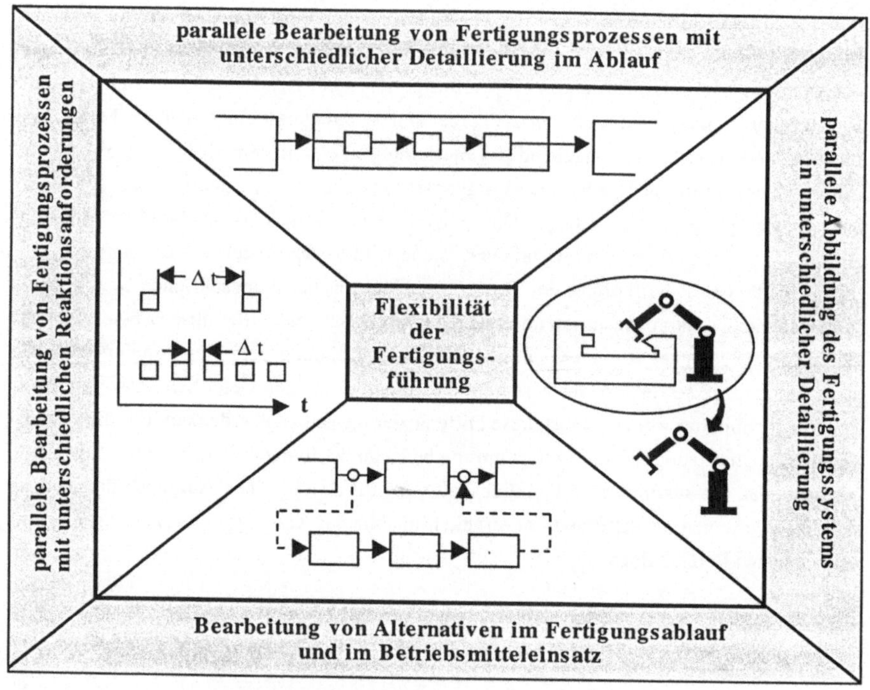

Bild 10:   Flexibilitätsaspekte der Fertigungsführung

---

[1] Unter Flexibilität wird in dieser Arbeit die Eigenschaft der Anpassungsfähigkeit an unterschiedliche Situationen verstanden. In der Ungenauigkeitstheorie wird hohe Flexibilität auch gleichgesetzt mit einem großen Entscheidungsspielraum /96/.

Arbeitsstationen oder durchzuführenden Fertigungsabläufen müssen ohne völlige Neukonzeption des gesamten Steuerungsablaufs in die Fertigungsführung einzubringen sein[1] . Der erreichte Flexibilitätsgrad innerhalb der Fertigungsführung hängt somit wesentlich von der Abbildung und Beschreibungsmethodik des Fertigungssystems und der darin ablaufenden Fertigungsprozesse ab. Hinsichtlich der Fertigungsprozesse bedeutet dies zunächst, daß alle Abläufe und Ablaufalternativen in unterschiedlichen Detaillierungsgraden und unter Angabe aller benötigten Betriebsmittel in der Ablaufbeschreibung spezifiziert sein müssen. Zur flexiblen Auswahl der Alternativen im Rahmen der Fertigungsführung müssen in der Ablaufbeschreibung zusätzlich Einsatzbedingungen oder Entscheidungsgrundlagen definiert sein, die eine eindeutige Bestimmung der durchzuführenden Ablaufalternativen ermöglichen. Diese Flexibilität in der Ablaufgestaltung ist nicht nur im Störungsfall sinnvoll, wenn ein defektes Betriebsmittel durch ein anderes ersetzt werden soll, sondern kann auch einer besseren Einhaltung von Planungsvorgaben dienen. So können beispielsweise erkannte Engpaßmaschinen umgangen oder kostenoptimiert ausgewählte Arbeitsplätze aufgrund der vorhandenen Terminsituation durch komplexe Arbeitsstationen ersetzt werden, die zwar auf den einzelnen Fertigungsvorgang bezogen höhere Kosten verursachen, aber durch die Zusammenfassung mehrerer Fertigungsvorgänge den Fertigungsprozeß insgesamt schneller und somit auch kostengünstiger werden lassen.

Die Abbildung des Fertigungssystems erfordert einerseits die Beschreibung seines Aufbaus, andererseits die Darstellung des Zustands aller enthaltenen Betriebsmittel und Materialien, sowie der aktuell ablaufenden Aufträge und Fertigungsvorgänge. Informationen über den Fertigungsfortschritt einzelner Abläufe, den Bearbeitungszustand von Werkstücken oder den Status aktueller Aufträge sind im Zustandsabbild des Fertigungsprozesses enthalten. Durch die Unterscheidung von Fertigungsvorgängen in Fertigungsaktionen und -operationen werden im Zustandsabbild des Fertigungsprozesses ebenfalls zumindest zwei Detaillierungsebenen abgebildet, die allerdings im Bereich der Fertigungsaktionen noch durch Einführung zusätzlicher Beschreibungsebenen erweitert werden können. Ausschlaggebend ist dabei die Anzahl der Steuerungsebenen im Fertigungssystem, da in jeder Ebene ein spezifischer Detaillierungsgrad der Ablaufbeschreibung und damit auch des Zustandsabbildes des Fertigungsprozesses erforderlich ist. Die verschiedenen Steuerungsebenen ergeben sich durch das Nebeneinander beliebig autonomer Arbeitsstationen im Fertigungssystem. Einfache CNC-

---

[1] Zur Entwicklung eines universellen und wiederverwertbaren Leitsystems für flexible Fertigungssysteme verwenden /109, 114, 115/ Methoden des Software-Engineerings wie z. B. Parametrierbarkeit, Konfigurierbarkeit und Adaptierbarkeit. Diese Methoden zielen auf die Anpassung oder Generierung eines möglichst universellen Softwaresystems ab, während der Schwerpunkt dieser Arbeit in der Verfahrensentwicklung für die Funktionsebene Fertigungsführung liegt.

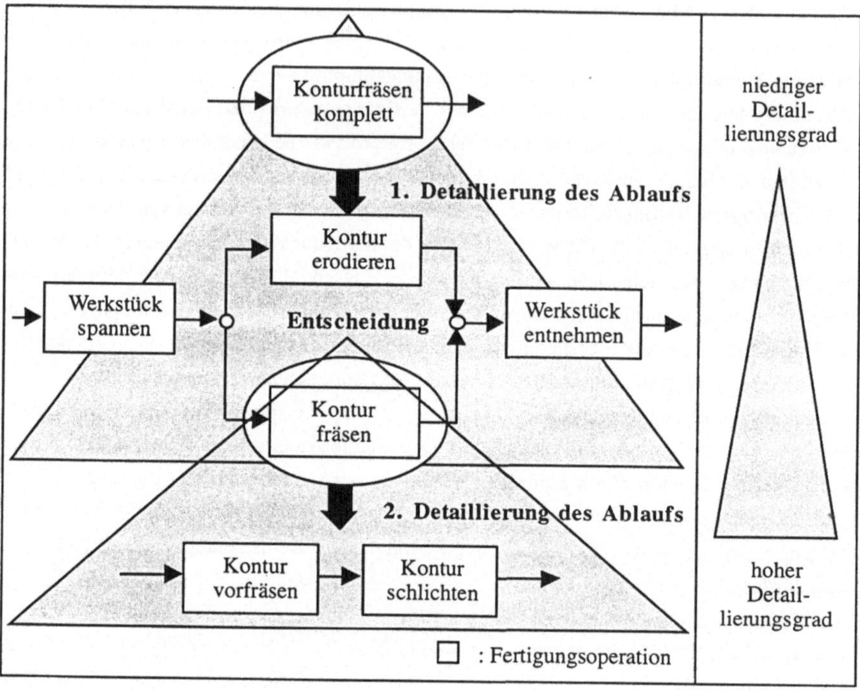

Bild 11:   Detaillierung und Alternativen in der Ablaufbeschreibung des Fertigungsprozesses

Maschinen mit direkter Führung benötigen wesentlich detailliertere Steuerungsinformationen
von der Fertigungsführung als eine flexible Fertigungszelle, der aufgrund ihrer internen Ablaufsteuerung die Auftragsdaten sowie eine Ablaufbeschreibung ausreichen.

Erforderlich für Auswahl und Einsatz von Betriebsmitteln im Rahmen der Fertigungsführung
ist die genaue Kenntnis über deren Zuordnung zu organisatorischen und fertigungstechnischen Einheiten (z.B. Kostenstellen, flexible Fertigungszelle). Alle dazu notwendigen Informationen sind in der Strukturbeschreibung des Fertigungssystems zusammengefaßt. Sie
beinhaltet eine vollständige Beschreibung aller strukturellen Beziehungen der Arbeitsstationen und Betriebsmittel untereinander. Das Zustandsabbild des Fertigungssystems
beschreibt ergänzend dazu den aktuellen Betriebszustand dieser Arbeitsstationen und
Betriebsmittel sowie deren momentane Belegung mit Aufträgen, Material, Werkzeugen und
Vorrichtungen.

47

Bild 12 gibt zusammenfassend eine Übersicht aller im Rahmen der Fertigungsführung notwendigen Beschreibungen von Fertigungssystem und -prozeß, deren Ausgestaltung direkt oder indirekt zu einer Erhöhung der Flexibilität innerhalb der Fertigungsführung beiträgt.

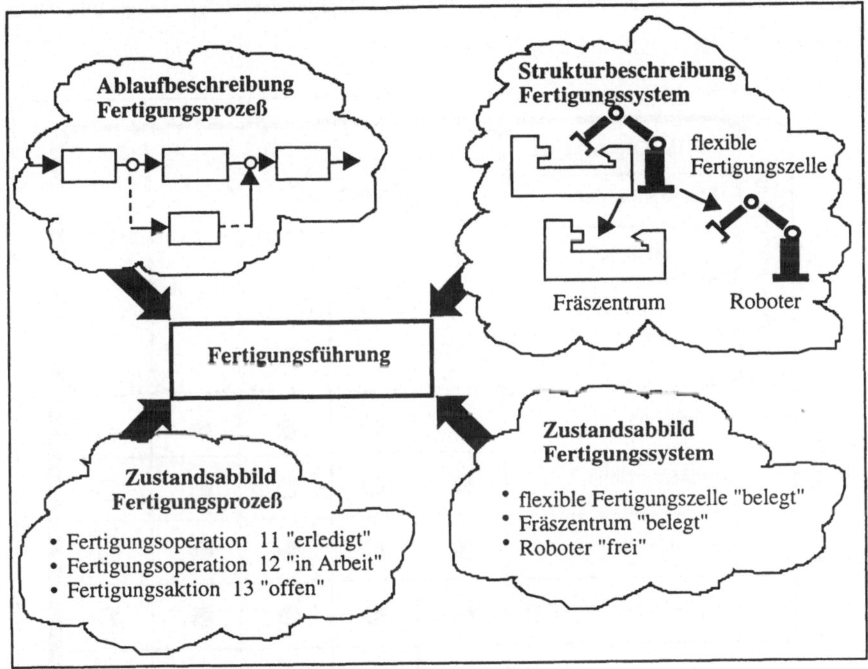

Bild 12:   anpaßbare Beschreibung von Fertigungssystem und -prozeß zur Flexibilitätssteigerung in der Fertigungsführung

Die Funktionsebene der Fertigungsführung ist einerseits Bestandteil des Leitsystems, andererseits Schnittstelle zu den ausführenden Arbeitsstationen des Fertigungssystems. Vor der Definition eines Verfahrens zur Fertigungsführung ist deshalb zu prüfen, inwieweit der geforderte Aufgabenumfang durch Methoden und Lösungsansätze aus in der Literatur beschriebenen Leit-/Steuerungssystemen für Fertigungssysteme oder -zellen unterstützt werden kann.

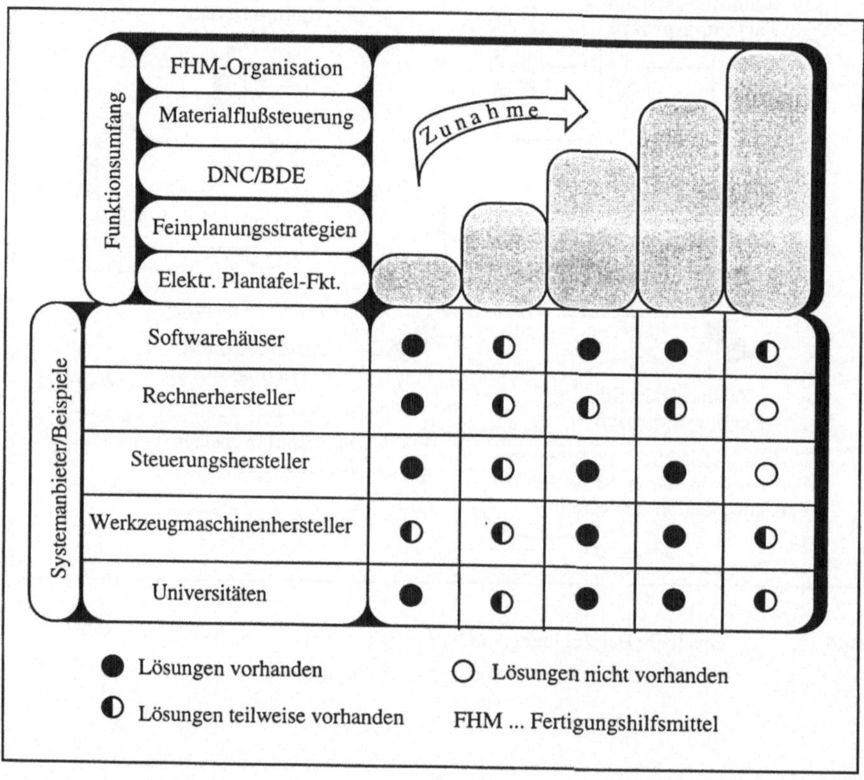

Bild 13:   Marktanbieter von Leitsystemen /116/

Der Begriff Leitsystem wird in der Literatur für eine Vielzahl unterschiedlichster System-lösungen verwendet. Deshalb bieten verschiedene Anbietergruppen Leitsysteme mit spezifischem Funktionsumfang an (Bild 13), die sich jedoch in zwei Kategorien einteilen lassen /114, 115, 116/:

- **elektronische Leitstände (Fertigungsleitstände)** mit überwiegend dispositivem, jedoch nur geringem operativem Funktionsumfang

- **Fertigungsleitssysteme** mit überwiegend operativem Funktionsumfang, jedoch nur geringer Unterstützung der Kapazitäts- und Terminplanung.

Fertigungsleitstände[1] ermöglichen dem Anwender eine zeitliche Zuordnung der Fertigungsaufträge zu Kostenstellen, Maschinengruppen oder Einzelmaschinen über eine computerunterstützte Plantafel. Durch die graphische Aufbereitung der aktuellen Fertigungssituation und zukünftigen Belegungen ist der **Fertigungsleitstand** ein Hilfsmittel für die manuelle Beeinflussung des Fertigungssystems und die Integration des fachlichen Know Hows eines Meisters oder Fertigungssteuerers in den Planungsprozeß. Durch manuelle oder halbautomatisierte Einplanung (Vorwärts-, Mittelpunkts- oder Rückwärtsterminierung) erhält der Anwender einen raschen Überblick über den Sollzustand der Fertigungsaufträge oder über die Ergebnisse verschiedener, simulativ durchgeführter Einplanungsvarianten. Dialogorientierte, graphische Auswertungsfunktionen unterstützen ihn bei der Entscheidungsfindung. **Fertigungsleitstände** sind in der Regel für eine manuelle Maschinenbeschickung und konventionellen Materialfluß konzipiert. Das Auslösen von Fertigungs-, Transport- oder Lageraktivitäten durch direkte Kopplung mit der Steuerung der zugehörenden Arbeitsstation ist nicht Stand der Technik /113/. Üblicherweise übernehmen DNC- und BDE-Systeme die Funktion der Arbeitsverteilung und -rückmeldung[2] . Durch das Fehlen der Funktionsebene Fertigungsführung müssen alle Störungen, Änderungen im Fertigungsablauf oder Abweichungen von

---

[1] Zur Definition eines Fertigungsleitstands siehe /49, 89, 100, 101/. Eine Übersicht der am Markt angebotenen Fertigungsleitstandssysteme geben /14, 33, 103, 105/. Die Betrachtung von Prozeßleitständen, wie sie in verfahrenstechnischen Anlagen im Einsatz sind, wird im Rahmen dieser Arbeit, aufgrund der Beschränkung auf Stückgutprozesse, nicht durchgeführt. Zu Prozeßleitständen siehe /82, 83/.
[2] Die am Markt angebotenen Fertigungsleitstandssysteme unterscheiden sich hinsichtlich ihrer Planungsverfahren oder Systemausrichtung. So werden zum Beispiel beim FACTORY-TOWER Auftragnetze abgebildet und im Rahmen einer begrenzten Netzterminierung bearbeitet, was die Planung umfangreicher Montageaufgaben erleichtert /106/. JOBPLAN verwendet verschiedene Regeln zur Auftragseinplanung nebeneinander und bewertet die Planungsergebnisse mit einer Zielgröße /27/. PRODUCAM, RECAM-S oder HYDRA-GLS haben aufgrund vollständig integrierter, aufwendiger Betriebsdatenerfassungsfunktionen ihren Schwerpunkt eher in der Bereitstellung umfangreicher Produktionsdaten und einer möglichst genauen Abbildung der Fertigungssituation aufbauend auf manuellen Änderungen oder direkter Maschinendatenerfassung (MDE) /25, 26, 108/. Mit dem FINALE-Leitstand kann ein automatisches Transportsystem bis zur Generierung einzelner Transportaufträge mitgeplant werden. Allerdings hat das System einen hohen Spezialisierungsgrad auf die zum Einsatz kommenden Transportkomponenten und auszuführenden Abläufe, so daß eine Übertragung auf andere Transportsysteme nur mit großem Aufwand durchführbar ist /27/.

Planvorgaben manuell bearbeitet werden, was bei einer großen Anzahl im **Fertigungsleit-stand** geführter Fertigungsaufträge zu einer Überlastung des Anwenders und damit zu längeren Reaktionszeiten führt. Bei Produkten mit hoher Fertigungstiefe kommt es dann zur "kombinatorischen Explosion", d. h. immer mehr Aufträge und Kapazitätsbelegungen weichen während der Reaktionszeit des Fertigungsleitstands von der Planung ab /11/.

Fertigungsleitsysteme werden im folgenden hinsichtlich ihrer Anwendungsspezialisierung unterschieden in

- **dezidierte Leitsysteme** für die Implementierung eines
  Fertigungssystems oder für Fertigungseinrichtung eines
  Herstellers
- **anpaßbare Leitsysteme**, die für verschiedene Implementierungen eines Fertigungssystems parametisiert, konfiguriert oder adaptiert werden können und Fertigungseinrichtungen verschiedener Hersteller integrieren.

Dedizierte Leitsysteme werden zur Steuerung eines spezifischen Fertigungssystems ausgelegt und setzen meist auf herstellerspezifischen Funktionalitäten der Fertigungseinrichtungen auf[1] . Die Software wird anlagenspezifisch entwickelt und besitzt nur einen geringen Wiederverwendungswert, wodurch hohe Kosten bei der anwendungsspezifischen Anpassung und Inbetriebnahme entstehen /102/. Der in 2.3.3 geforderten Flexibilität hinsichtlich der Abbildung möglicher Fertigungsläufe und Systemstrukturen in der Fertigungsführung stehen bei dedizierten Leitsystemen fest programmierte Fertigungs-, Tranport- und Lageraktivitäten sowie ein unveränderlicher Maschinenpark gegenüber.

Anpaßbare Leitsysteme sollen schnell und kostengünstig auf die neuen bzw. geänderten Anforderungen des Fertigungssystems oder des Marktes umgestellt werden können. Zielsetzung ist dabei die Wiederverwendung großer Teile der Software, was durch gezielte Strukturierung und die Anwendung von Wiederverwendungsprinzipien bei der Softwareerstellung, sowie in geringem Maße durch den Einsatz von Standardprogrammen unterstützt wird. Als Wiederverwendungsprinzipien unterscheiden /109, 114, 115/

---

[1] Als Beispiel für ein dediziertes Leitsystem ist in /84/ das System FMC beschrieben. FMC steuert die Durchführung von Fertigungs-, Lager- und Transportaufträgen in einem Fertigungssystem, bestehend aus einem oder mehreren Bearbeitungszentren für Dreh- und Fräsbearbeitung, einer Station zur Werkzeugvoreinstellung sowie einem Puffer- und Transportsystem für Werkstücke und Werkzeuge.

- die Parametrierbarkeit (Steuerung des Programmablaufs durch
  Variablen, die nicht fest im Programm codiert sind)

- die Konfigurierbarkeit (Zusammenstellen des Gesamtprogramms
  aus Funktionsbausteinen)

- die Adaptierbarkeit (Methoden zur möglichst einfachen und schnellen
  Anpassung des Programms an die neue Aufgabenstellung).

In der Literatur sind verschiedene **anpaßbare Leitsysteme** beschrieben, die bei ihrer Konzeption auf diesen Wiederverwendungsprinzipien aufgebaut haben /12, 103, 115, 116/. Davon werden im folgenden Erkenntnisse und Lösungsansätze einiger wichtiger Arbeiten unter dem Blickwinkel ihrer Übertragbarkeit auf die Aufgabenstellung einer Fertigungsführung diskutiert.

In /76, 99, 114, 115, 116/ wird die Einführung des adaptierbaren Leitsystems ALSYS beschrieben. Für die Umsetzung der von der Auftragsfeinplanung im Kapazitätsbelegungsplan eingelasteten Aufträge in physisch handhabbare Transporteinheiten wird in ALSYS die Funktion der Durchsetzungsplanung eingeführt. Dort werden, abhängig von Arbeitsplänen und Kapazitätsbelegungen, auszuführende Aktionsketten für Werkstücke und Fertigungshilfsmittel generiert, deren Umsetzung von der Funktion Auftragsdurchsetzung übernommen wird. /114/ beschreibt die in ALSYS verwendete funktionale Untergliederung der Gesamtsteuerungsaufgabe als Basis für ein anlagenunabhängig funktionales Referenzmodell sowie ein dazugehörendes konzeptionelles Datenmodell. Durch die klare Trennung von benutzer- und anlagenspezifischem Wissen von der eigentlichen Leitsystemsoftware wird ein für den Benutzer "offenes" Leitsystem möglich. /115/ beschreibt am Beispiel der Funktion Durchsetzungsplanung die systematische Erstellung adaptierbarer Leitsystemsoftware. Zur Sicherstellung der Adaptierbarkeit wird ein systematisches Software-Engineering mit ausgewählten Modellierungsprachen für jede Phase des Software-Erstellungsprozesses vorgeschlagen. Für die Definition eines Verfahrens zur Fertigungsführung sind neben den Aufgaben der Durchsetzungsplanung und Auftragsdurchsetzung weitere terminbezogene Planungsfunktionen vorzusehen, die ein Ausregeln zeitlicher Abweichungen von Planvorgaben innerhalb der Fertigungsführung ermöglichen. Durch eine anwendungsorientierte Spezialisierung der verwendeten Beschreibungsmethoden für Fertigungssystem und Abläufe kann die Benutzerfreundlichkeit ohne allzugroßen Verlust der Wiederverwendbarkeit erhöht werden.
/109/ beschreibt die Entwicklung einer adaptierbaren Materialflußsteuerung als Bestandteil des Leitsystems KOSMOS. Den Schwerpunkt dieser Arbeit bilden dabei systemtechnische

Umsetzungsaspekte. Durch die Einführung einer Funktionsbibliothek (Konfigurierbarkeit) und der Verwendung von Systemparametern wie z. B. Anzahl Kapazitätseinheiten wird die Anpaßbarkeit der Software sichergestellt. Die Steuerung der Abläufe im Fertigungssystem erfolgt ausschließlich zustandsorientiert, auf die Verwendung alternativer Ressourcen oder die Bearbeitung von Störungen wird in der Arbeit nicht näher eingegangen.

Das Haupteinsatzgebiet wissensbasierter Leitsysteme[1] liegt in der Planungsproblematik, unter verschiedenen Kriterien eine Optimierung in der Fertigung zu erreichen. Von besonderem Interesse sind hier die Arbeiten von /4, 88, 93, 113/. Mit dem System ISIS (Intelligent Scheduling and Information System) und seiner Weiterentwicklung OPIS (Opportunistic Intelligent Scheduler) liegen wohl die bekanntesten wissensbasierten Systeme vor. ISIS arbeitet nur mit der Strategie der bedingungsgesteuerten Zeitplanung (constrained directed scheduling). Dabei werden durch hierarchische, sukzessive Einschränkungen der Lösungsmenge die Abläufe ausgewählt, die für die aktuelle Fertigungssituation optimal sind. Bei kurzfristigen Änderungen versucht das System, nicht den gesamten Ablauf neu zu generieren, sondern diesen nur in einem lokalen Bereich zu modifizieren (net change). Trotz aller Opimierungen hinsichtlich des Reaktionsverhaltens von ISIS, liegen die Antwortzeiten im Bereich von mehreren Minuten, so daß sich eine Anwendung im echtzeitnahen Bereich nicht empfiehlt. Weitere Konzepte und Lösungen zu wissensbasierten Leitsystemen sind in /28, 31, 92, 94, 113/ beschrieben. Zusammenfassend kann jedoch gesagt werden, daß das Einsatzgebiet wissensbasierter Lösungen ausschließlich in der Ermittlung von Strategien und Vorgehensweisen liegt, die das System dem Anwender vorschlägt. Durch die Verbindung seiner Erfahrung mit dem systemimmanenten Wissen sollen daraus optimale Entscheidungen entstehen. Für eine direkte Prozeßkopplung reicht das Reaktionsverhalten wissensbasierter Leitsysteme nicht aus.

/63, 98, 104, 111/ beinhalten verschiedene Konzeptionen für Steuerungssysteme von Fertigungszellen. /98/ geht von einem anwendungsneutralen Ablaufsteuerungsprogramm mit externer Speicherung aller anwendungsspezifischen Informationen des Fertigungssystems bzw. der Aufträge in eigenen Datenstrukturen oder erweiterten Komponententreiber-Programmen aus. Die damit erreichte Einsatzflexibilität wird allerdings nur zur Integration verschiedenster Fertigungseinrichtungen verwendet. Eine Optimierung der Abläufe hinsichtlich der Bearbeitung von Störungen oder Nichtverfügbarkeit von Material und Ressourcen ist nicht beschrieben. /111/ beinhaltet ein Verfahren zur durchgängigen Programmierung des Steuerungssystems von Fertigungszellen unter Einbeziehung vorhandener Systemstandards für die

---

[1] Zum Begriff "wissensbasierte Systeme" und "künstliche Intelligenz" siehe /58, 59, 60, 61/; Anwendungen dazu sind in /1, 53, 62/ beschrieben.

unterschiedlichen Komponenten dieser Zelle. Betrachtet werden dabei unterschiedliche Aufgabenverteilungen zwischen Zellensteuerung und Leitsystem. Für die Zellensteuerung werden im Hinblick auf die direkt angeschlossenen Fertigungseinrichtungen und das geforderte Reaktionszeitverhalten deterministische Steuerungsmethoden gefordert. Die in /63, 104/ beschriebenen Konzepte CML und CELLWORKS beschäftigen sich ausschließlich mit der Beschreibung von Steuerungskomponenten in Fertigungszellen und verwenden dazu eine metasprachliche Abstraktion dieser Komponenten. Im Vordergrund steht die Koordination verschiedener Fertigungs-, Transport- und Handhabungseinrichtungen durch Generieren und Übertragen von Programmen oder Ausführungsbefehlen, sowie die Interpretation und Bearbeitung von Rückmeldungen. Beide Konzepte stellen jedoch nur Hilfsmittel zur Programmierung von Konfiguration und Abläufen zur Verfügung.

In allen **anpaßbaren Leitsystemen** werden Beschreibungsmethoden für die Abbildung der Funktionalität, der Datenstrukturen, der Systemstrukturen und Abläufe verwendet, um das Software Engineering oder die Veränderbarkeit der Programme zu erleichtern. Eine Übersicht der wichtigsten Beschreibungsmethoden ist in /67, 90, 113/ enthalten. In der Literatur beschriebene Untersuchungen ergaben, daß für die ingenieurmäßigen Vorgehensweisen zur Entwicklung und Umsetzung von Steuerungen im besonderen Petri-Netze und Zustandsgraphen die geeigneten Beschreibungsmethoden sind /45, 46, 87, 99/. Zustandsgraphen lassen sich leicht erlernen, da sie wenig formalisiert sind und der funktionsorientierten Betrachtungsweise – wie z. B. in der Konstruktion üblich – entsprechen, reichen aber zur Beschreibung von Gleichungen und Datenstrukturen nicht aus. Petri-Netze stellen eine der allgemeinsten, ablauforientierten Beschreibungsformen dar und sind deshalb Basis für viele CASE-Tools, vor allem, da sich die Netze mit mathematischen Verfahren analysieren und verifizieren lassen /44/. Durch die sehr abstrakte und formale Beschreibungsform sind Petri-Netze nur schwer lernbar und in der Regel sehr komplex aufgebaut, so daß ihre Bearbeitung fast immer mit Modellierungshilfsmitteln erfolgen muß. Mögliche zeitliche oder funktionale Abhängigkeiten zwischen einzelnen Vorgängen im Fertigungssystem sowie komplexe Entscheidungsmechanismen für die Ablaufsteuerung müssen in separaten Netzwerken modelliert werden /90/. Mit der Einführung von Dekompositionsprinzipien, d. h. der Bildung von Subnetzen und deren Integration in übergeordneten Netzebenen, werden die ohnehin schon komplexen Abhängigkeiten ohne Hilfsmittel nicht mehr nachvollziehbar. In /42, 43, 67, 75, 90/ wird deshalb ein Modellierungsverfahren beschrieben, das als anwendungsorientierte Erweiterung von Zustands/Übergangs-Netzwerken (state/transition-network) den Prozeß der Modellierung vereinfacht und die Verständlichkeit erhöht.

Zusammenfassend ist zum Stand der Technik hinsichtlich der Aufgabenstellung einer Fertigungsführung festzustellen, daß in der Literatur beschriebene Lösungsansätze von Leitsystem oder Zellensteuerungen

- sehr oft anlagenspezifisch ausgerichtet sind;
- nur schwer unterschiedlich autonome Arbeitsstationen nebeneinander betrachten können;
- sich mit dem Software-Engineering zur Generierung wiederverwendbarer Programme beschäftigen und deshalb verschiedenste Modellierungsverfahren benötigen;
- auf abstrakten Modellierungsverfahren für Fertigungssystem und -abläufe aufsetzen, die schnelle Änderungen des Modells durch den Anwender erschweren;
- keine echtzeitnahen Planungsverfahren enthalten, die eine kurzfristige Reaktion auf Abweichungen von Planterminen im Rahmen der Durchsetzung eines Auftrags ermöglichen;
- meist nur zustandsorientierte Steuerungsstrategien durchführen können;
- nur in wenigen Fällen die automatische Einbeziehung alternativer Ressourcen und Abläufe im Rahmen der Durchsetzung eines Auftrags zulassen.

Eine durchgängige Lösung für die Funktionsebene der Fertigungsführung, die als eigenständige Entscheidungsinstanz den Aufgabenumfang der übergeordneten Ebenen eines Leitsystems hinsichtlich der Anzahl dort auszuführender Reaktionen auf stochastische Veränderungen im Fertigungssystem oder -prozeß deutlich reduziert, ist in der Literatur nicht beschrieben.

Der Fertigungsablauf in einer Kleinserienfertigung mit unterschiedlich autonomen Arbeitsstationen ist gekennzeichnet durch eine Vielzahl stochastischer Abweichungen von den Planungsvorgaben, bedingt durch ein inhomogenes, sich ständig veränderndes Teilespektrum. Daraus resultieren wesentlich höhere Anforderungen an die Steuerung des Fertigungsablaufs. Aufgaben, die in der konventionellen Fertigung durch den Meister oder Arbeitsverteiler wahrgenommen werden, müssen in Fertigungssystemen mit unterschiedlich autonomen Arbeitsstationen selbständig ablaufen können. Dies gilt für die Bearbeitung von Störungsereignissen genauso wie für die Reaktion auf Planungsprobleme oder Kapazitätsengpässe. Zu diesem Zwecke sollen fertigungstechnische Freiheitsgrade hinsichtlich des benötigten Materials und der einzusetzenden Ressourcen sowie terminliche Puffer der übergeordneten organisatorischen und technischen Planungsebenen sinnvoll ausgenutzt werden. Im Falle einer Kleinserienfertigung können die fertigungstechnischen Freiheitsgrade wegen des sich wiederholenden Teilespektrums als alternative Ressourcen oder Abläufe unter Angabe einer Einsatzbedingung in der Ablaufbeschreibung der Fertigungsprozesse festgehalten werden. Die terminlichen Puffer werden durch geeignete Planungs- und Steuerungsmethoden erschlossen, die auf einer aktuellen Zustandsbeschreibung von Fertigungssystem und -prozessen aufbauen. Für das Aufgabenfeld der Fertigungsführung sind die anzuwendenden Methoden zur Planung und Steuerung auf eine kurzfristige, flexible Reaktion gegenüber stochastisch auftretenden Abweichungen vom geplanten Fertigungsablauf auszurichten, die erst zur Durchführungszeit der einzelnen Fertigungsvorgänge erkannt werden können.

Zielsetzung dieser Arbeit ist es deshalb, unter Einbeziehung von

- ereignisorientierten Methoden zur termin- und zustandsgeführten
  Planung bzw. Steuerung,

- einer durchgängigen Beschreibungsform für Prozesse und Strukturen
  im Fertigungssystem und

- Entscheidungsmechanismen für die Auswahl alternativer Abläufe
  und Ressourcen

ein Verfahren zur Fertigungsführung zu definieren, das den Anteil von Fertigungsvorgängen, die ohne manuellen Eingriff eines Planers direkt im Fertigungssystem umgesetzt werden können – trotz der auftretenden stochastischen Störungen und Planungsabweichungen – stark erhöht. Die schnelle Anpassung des Verfahrens an geänderte Abläufe oder Strukturen im Fertigungssystem soll durch die gezielte Verwendung einfacher, anwendungsorientierter Beschreibungselemente unterstützt werden. Aufgrund des daraus resultierenden hohen Grades an Flexibilität hinsichtlich Reaktionsverhalten und Änderbarkeit der Funktionsebene Fertigungsführung wird im Rahmen dieser Arbeit der Begriff "flexible Fertigungsführung" verwendet. Zur Ableitung und Evaluierung des Verfahrens zur flexiblen Fertigungsführung werden die folgenden Arbeitsschritte ausgeführt:

- Aus einer abstrakten mathematischen Formulierung von Fertigungssystem
  und -prozeß werden einfache, anwendungsorientierte Beschreibungselemente abgeleitet und graphischen Symbolen zugeordnet. Zielsetzung
  ist die benutzerfreundliche Darstellung und Pflege komplexer organisatorischer und technischer Zusammenhänge im Fertigungssystem, sowie
  deren Umsetzung in ein Datenmodell.

- Aufbauend auf einer Betrachtung von Merkmalen der Planung im kurzfristigen
  Zeitbereich und der ereignisorientierten Steuerung werden für das Verfahren zur
  flexiblen Fertigungsführung relevante Ereignistypen, sowie deren Bearbeitungsmethoden beschrieben. Ergänzt durch Entscheidungsmechanismen
  ergeben sich daraus Elemente und Ablauf des Verfahrens.

- Für die Verfahrensumsetzung werden notwendige Funktionsbausteine
  definiert und in ihrem Zusammenspiel beschrieben. Für die abschließende
  Evaluierung werden Ergebnisse und Erfahrungen aus einem Anwendungsfall dargestellt und diskutiert.

5 Formalismen und Hilfsmittel zur Verfahrensbeschreibung

5.1 Formale Beschreibung von Fertigungssystem und -prozeß

In Anlehnung an /13,3/ kann ein allgemeines Fertigungssystem FS als Menge der

    - zu FS gehörenden Betriebsmittel K_{FS}

    - in FS durchführbaren Fertigungsaufgaben A_{FS} und

    - in FS vorkommenden Materialflußbeziehungen
      zwischen den Betriebsmitteln MF_{FS}

in Form des Tupels $(K_{FS}, A_{FS}, MF_{FS})$ beschrieben werden. Dabei ist A_{FS} nach /65/ als Tupel (P_{FS}, F_{FS}, R_F) definiert, wobei $P_{FS} \subset G_{FS}$ die Menge der in FS gefertigten Erzeugnisse und Materialien, F_{FS} die Menge aller zugehörenden Fertigungsoperationen $f_{FS} \in F_{FS}$ darstellt und R_F als eine Relation auf F_{FS} (d.h. $R_F \subset (F_{FS} \times F_{FS})$) die Fertigungsstruktur von P_{FS} auf der Basis möglicher Fertigungsoperationen F_{FS} bildet[1]. Eine einzelne Fertigungsoperation f_{FS} wird nach /65/ als Tupel $f_{FS} = (p_{FS}, E_{FS}, H_{FS})$ beschrieben, wobei das zu fertigende Werkstück $p_{FS} \in P_{FS}$ aus einer Menge an Vormaterialien $E_{FS} \subset G_{FS}$ unter Verwendung der benötigten Betriebsmittel $H_{FS} \subset K_{FS}$ hergestellt wird. Die Menge der Materialflußbeziehungen MF_{FS} zwischen den Betriebsmitteln K_{FS} liegt erst mit einer speziellen Zuordnung des Fertigungsablaufs zu einzelnen Betriebsmitteln fest. Sie sei deshalb allgemein als Relation auf der Menge aller Betriebsmittel K_{FS} beschrieben (d.h. $MF_{FS} \subset (K_{FS} \times K_{FS})$).

Ausgehend von der rein statischen Betrachtung eines Fertigungssystems, wie sie durch das Tupel $(K_{FS}, A_{FS}, MF_{FS})$ vorgegeben ist, wird durch Einführung des Zeitbegriffs in Verbin-

---

[1] Die in /3/ notwendige Abbildungsfunktion für die Zuordnung von Fertigungsabläufen zu Betriebsmitteln kann hier aufgrund der verwendeten Definition der Fertigungsabläufe aufbauend auf dem Operationsbegriff $f \in F$ mit $f = (p, E, H)$ und $p \in P, E \subset G, H \subset K, P \subset G$ entfallen.

dung mit einer durchführungsspezifischen Belegung[1] der Betriebsmittel eine Erweiterung der Beschreibungsform eines Fertigungssystems notwendig. Zusätzlich zu betrachten sind der Betriebszustand $S_k(t)$ eines Betriebsmittels k sowie die Belegung $B_k(t)$ eines Betriebsmittels k mit Aufträgen, Material und anderen Betriebsmitteln.

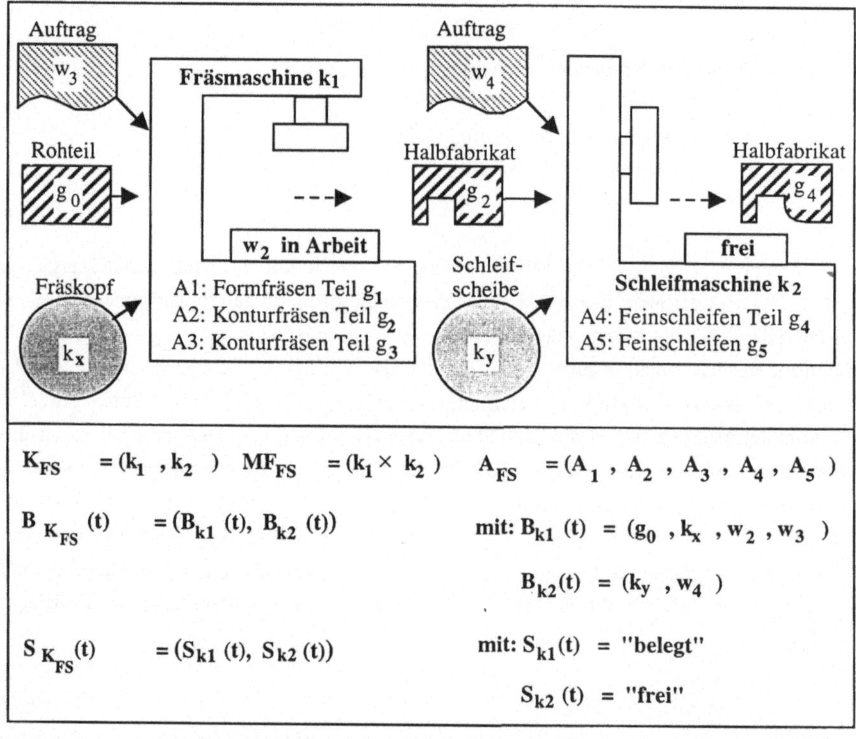

Bild 14:　　dynamische Abbildung eines Fertigungssystems

Der Betriebszustand $S_k(t)$ eines Betriebsmittels k beinhaltet die aktuelle Ausprägung bestimmter, zur Durchführung seiner Fertigungsaufgaben relevanten Eigenschaften. $s_k(t)$ wird

---

[1] Unter Belegung wird in diesem Zusammenhang die durchführungsorientierte zeitweise Zuordnung von Fertigungselementen (Material, Werkzeuge, Vorrichtungen, Aufträge) zu einem ausführenden Betriebsmittel (Maschine) verstanden. Die Zuordnung besteht solange, wie die geplante bzw. fertigungstechnische Durchführung dauert.

bei der Ausführung von Fertigungsoperationen verändert und gilt deshalb jeweils nur für einen bestimmten Zeitpunkt t oder ein Zeitintervall $\Delta t = t_2 - t_1$. Hinsichtlich der Belegung $B_k(t)$ des Betriebsmittels k zum Zeitpunkt t mit Teilen $E_{Bk}(t) \subset G$, anderen Betriebsmitteln $H_{Bk}(t) \subset K$ und Aufträgen $W_{Bk}(t) \subset W$ ergibt sich eine Beschreibung in Form des Tupel $(E_{Bk}(t), H_{Bk}(t), W_{Bk}(t))$. Aus der rein statischen Beschreibung des Aufbaus bzw. der möglichen Fertigungsprozesse eines Fertigungssystems FS durch das Tupel (K_{FS}, A_{FS}, MF_{FS}) wird mit der Einführung der beiden zeitabhängigen Beschreibungsgrößen $S_k(t)$ und $B_k(t)$ das dynamische Abbild des Fertigungssystems FS (t) definiert, das in Form des Tupels (K_{FS}, A_{FS}, MF_{FS}, $B_{KFS}(t)$, $S_{KFS}(t)$) dargestellt wird. Es beinhaltet die Strukturbeschreibung und das Zustandsabbild eines Fertigungssystems nach Kapitel 2.3.3.

5.1.1 Elemente und Beziehungen

Zur Beschreibung des dynamischen Abbildes eines Fertigungssystems FS müssen verschiedene Elemente[1] bzw. Elementemengen in einem zeitlichen und örtlichen Zusammenhang gebracht werden. Zu betrachten sind dabei zunächst die Elementmengen

- der zugehörenden Betriebsmittel K_{FS},
- der einfließenden oder gefertigten Materialien G_{FS},
- der durchführbaren Fertigungsoperationen F_{FS} und
- des aktuellen Auftragsvorrats W_{FS} (t).

Die einzelnen Elemente k, g, f, w dieser Menge werden durch Relationen[2] zu Teil- oder Schnittmengen verknüpft, die entweder fertigungstechnische oder organisatorische Strukturen innerhalb des Fertigungssystems abbilden und zeitlich begrenzte oder unbegrenzte Gültigkeit

---

[1]Im Rahmen einer objektorientierten Betrachtungsweise des Fertigungssystems hinsichtlich seiner Arbeitsstationen, Betriebsmittel sowie der durchzuführenden Material- und Informationsflüsse werden die Elemente k, g, f, w durch Fertigungsobjekte repräsentiert. Ein Fertigungsobjekt $o \in O$, ist eindeutig identifizierbar und gekennzeichnet durch Merkmale und Eigenschaften (Attribute). Ein Attribut beschreibt dabei sowohl die Menge aller möglichen Ausprägungen des Attributs (Wertebereich) wie auch den gerade aktuellen Wert. Die Vielfalt möglicher Attribute eines Objekts verhindert seine vollständige Beschreibung, so daß jeweils für einen Betrachtungsbereich nur bestimmte Attribute selektiv ausgewählt werden.

[2] Im Sinne einer objektorientierten Betrachtungsweise ist jede Relation R mathematisch formulierbar als Beziehung zwischen Objekten

$$\{(o_1, o_2, ..., o_n) \; ; \; o_1 \in O, o_2 \in O, ..., o_n \in O\}.$$

Ist die Reihenfolge der Objekte innerhalb einer Beziehung von Bedeutung, kann dies durch die Einführung eines Rangbegriffs r_i erreicht werden, der die Folge der einzelnen Objekte innerhalb der Beziehung spezifiziert:

$$(r_1 \mid o_1, r_2 \mid o_2, r_3 \mid o_3, ..., r_n \mid o_n).$$

Beziehungen können ebenfalls als Objekte aufgefaßt werden und haben dann Attribute.

haben. Zu unterscheiden sind dabei geordnete Mengen, bei denen die Elemente durch eine eindeutige Beziehungsstruktur untereinander verknüpft sind, und ungeordnete Mengen, die ausschließlich eine Gruppierung verschiedener Elemente darstellen.

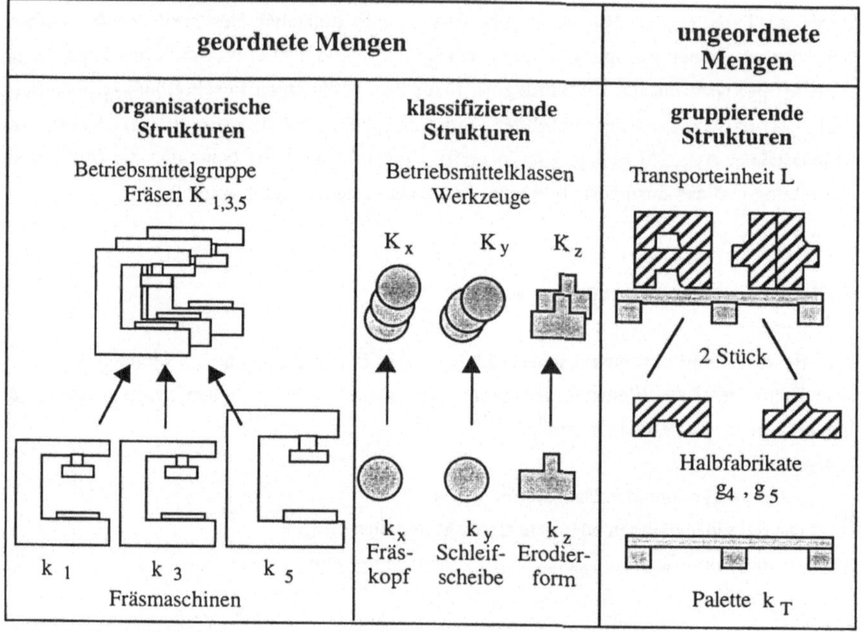

Bild 15:   Beispiele für Strukturen innerhalb eines Fertigungssystems

Zur Beschreibung einer geordneten Teilmenge, bestehend aus gleichen oder verschiedenen Elementen der Mengen K_{FS}, G_{FS}, F_{FS} und W_{FS} (t) wird entweder das kartesische Produkt zweier dieser Mengen (z.B. Fertigungsstruktur $R \subset (F_{FS} \times F_{FS})$) verwendet oder die Form eines Tupels, dessen Elemente durch Einführung eines Ranges r in eine Reihenfolge gebracht werden (z.B. Reihenfolge der möglichen Ersatzmaschine $K_{f_i} = (r_1 | k_1, r_3 | k_3, r_4 | k_4)$ für die Fertigungsoperation f_i). Ungeordnete Teilemengen verschiedener Elemente aus K_{FS}, G_{FS}, F_{FS} und $W_{FS}(t)$ werden ausschließlich durch Tupel beschrieben (z.B. Fertigungsoperation $f_{FS} = (p_{FS}, E_{FS}, H_{FS})$. Bild 15 gibt eine Übersicht der möglichen Teilmengen und Beziehungen auf der Basis der Elementmenge K_{FS}, G_{FS}, F_{FS} und $W_{FS}(t)$ eines Fertigungssystems FS.

Beispielhaft soll an dieser Stelle die Teilestruktur $R_G \subset (G_{FS} \times G_{FS})$ näher erläutert werden. Sie beschreibt den Aufbau eines Erzeugnisses bzw. einer Baugruppe hinsichtlich der Art und

Menge zu ihrer Fertigstellung einzusetzender Materialien, jeweils bezogen auf eine oder mehrere Fertigungsstufen. Für die Beschreibung der Teilestruktur werden in der Literatur

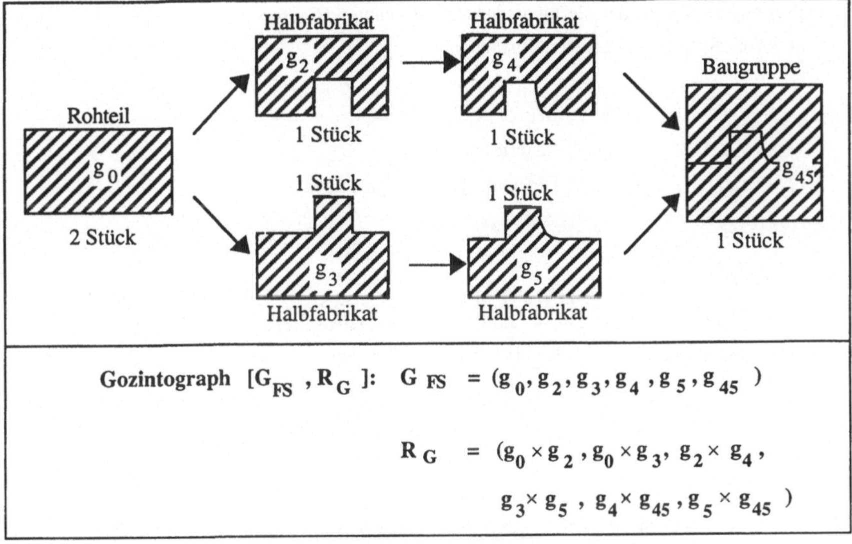

Bild 16:   Teilmengen und Beziehungen der Elemente eines Fertigungssystems

unterschiedliche Darstellungen verwendet. Einerseits ist die Struktur des im Fertigungssystem FS gefertigten Werkstücks $p_{FS} \in P_{FS}$ hinsichtlich der zur Bildung notwendigen Vormaterialien E_{FS} durch die Beschreibung der Fertigungsoperation $f_{FS} = (p_{FS}, E_{FS}, H_{FS})$ darzustellen, andererseits muß die Mehrfachverwendung eines Werkstücks g in verschiedene, innerhalb von FS zu fertigende Baugruppen und Erzeugnisse p_{FS} abbildbar sein. Die Beschreibungsform eines Erzeugnisstrukturgraphs - auch Gozintograph[1] genannt - genügt diesen Anforderungen und wird deshalb im folgenden zugrunde gelegt.

---

[1] In der Graphentheorie sind Gozintographen gerichtete, bewertete Graphen, deren Knotenmenge Teile und deren Kantenmenge "Enthalten-sein-Beziehungen" mit einer Bewertung durch die jeweils einfließende Teilmenge darstellen /66/. /65/ definiert den Gozintographen, ausgehend von der Menge aller Fertigungsaufgaben A_{FS} im Fertigungssystem FS als kanonisch gegebenen Graphen $[G_{FS}, R_G]$ mit
* Menge der Materialien G_{FS} und
* Menge der Relationen zwischen den Materialien
$R_G \subset (G_{FS} \times G_{FS})$.

5.1.2   Zustände und Ereignisse

Versteht man unter dem Zustand[1] eines Fertigungselements k, g, f oder w eine momentane Ausprägung seiner für den Fertigungsprozeß relevanten Eigenschaften, so ergeben sich damit die in dieser Arbeit verwendeten Zustände als

- $s_{k_i}(t) \quad \in \quad S_k(t)$ Betriebsmittelzustand
- $s_{g_i}(t) \quad \in \quad S_g(t)$ Materialzustand
- $s_{f_i}(t) \quad \in \quad S_f(t)$ Fertigungsoperationszustand
- $s_{w_i}(t) \quad \in \quad S_w(t)$ Auftragszustand.

Im dynamischen Abbild $(K_{FS}, A_{FS}, MF_{FS}, B_{KFS}(t), S_{KFS}(t))$ des Fertigungssystems FS wird von diesen Zustandsmengen ausschließlich der Betriebsmittelzustand $S_{KFS}(t)$ beschrieben. Die Zustandsmengen $S_{FFS}(t)$, $S_{GFS}(t)$ und $S_{WFS}(t)$ beziehen sich auf die Durchführung von Fertigungsprozessen im Rahmen vorgegebener Fertigungs- bzw. Werkstattaufträge. Sie bilden deshalb die Beschreibungsgrößen für das Zustandsabbild des Fertigungsprozesses nach Kapitel 2.3.3.

Jede Änderung des Zustands eines Fertigungselements k, g, f oder w ist direkt verbunden mit der Veränderung einer Ausprägung seiner Eigenschaften. Ursache für die Zustandsänderungen sind stochastische Ereignisse in den ausführenden Komponenten eines Fertigungssystems. Sie können beispielsweise das Ende einer Fertigungsoperation, das Auftreten einer Maschinenstörung oder das Freiwerden eines Betriebsmittels bedeuten.

Ein Ereignis wird immer eindeutig einem erzeugenden Betriebsmittel zugeordnet und zeigt dessen Zustandsänderung hinsichtlich Betriebsmittelstatus oder Bearbeitungszustand der aktuellen Fertigungsoperation an. Daraus abgeleitet ergeben sich Zustandsänderungen der zugeordneten Werkstücke und Aufträge. Eine Ausnahme bilden Ereignisse, die innerhalb des Leitsystems generiert werden und der Kommunikation zwischen den verschiedenen Funktionsbausteinen eines Leitsystems dienen. In diesem Fall erfolgt die Zuordnung des Ereig-

---

[1] Betrachtet man K, G, F und W als Objektklassen, die jeweils Objekte mit ähnlichen oder übereinstimmenden Eigenschaften (Attributen) zusammenfassen, so wird aus dem Zustand $S_k(t)$ eines Betriebsmittels k die zum Zeitpukt t bestehende Wertzuweisung einzelner Attribute des Fertigungsobjekts k, d.h. durch die objektorientierten Beschreibungen eines Fertigungssystems werden mögliche Zustände eines Betriebsmittels bei der Objektdefinition durch Festlegung charakteristischer Eigenschaften (Attribute) und deren Ausprägungen (Wertebereich) vorab bestimmt. Die Belegungen $B_{KFS}(t)$ ergeben sich damit als Beziehungen zwischen den Objektklassen K, G und W und sind entweder einem Betriebsmittel k (Maschinenbelegung) oder einem Auftrag w (Auftragsbelegung, Auftragsreservierung) eindeutig zugeordnet.

nisses zum erzeugenden Funktionsbaustein. Insgesamt ergeben sich damit die folgenden Beschreibungsgrößen eines Ereignisses:

- seine Identifikation,
- sein Auftrittstermin,
- das erzeugende Betriebsmittel/der erzeugende Funktionsbaustein,
- der zugehörige Auftrag,
- die zugehörende Fertigungsoperation und
- die zu verändernden Elementeigenschaften und
  deren Wertzuweisung.

Erweitert man den Zustandsbegriff um zeitliche (gegebenenfalls auch örtliche) Beziehungen zwischen Betriebsmitteln, Material und Aufträgen, so ist für die Zustandsabbildung eines Fertigungssystems die betriebsmittelspezifische Belegung $B_{KFS}(t)$ zu ergänzen. Betrachtet man innerhalb der Belegung $B_{KFS}(t)$ einen einzelnen Auftrag w, so sind diesem vor bzw. während seine Ausführung Betriebsmittel, Material und Fertigungsoperation direkt zugeordnet. $U_w(t)$ beschreibt diese Zuordnung durch das Tupel

$$U_w(t) = \quad (E_w(t), H_w(t), F_w(t))$$

$$\text{mit} \quad \begin{aligned} E_w(t) &\subset G_{FS} \\ H_w(t) &\subset K_{FS} \\ F_w(t) &\subset F_{FS}. \end{aligned}$$

$U_w(t)$ repräsentiert damit eine Gruppierung verschiedener Fertigungselemente, die fertigungs- bzw. materialflußtechnisch eine Einheit bilden (Auftrag in Bearbeitung auf Maschine, auftragsbezogen reservierter Werkzeug- und Materialsatz usw.). Diese Einheit wird während der Durchführung der zum Auftrag gehörenden Fertigungsoperationen entweder strukturell bezüglich ihrer Gruppierung und mengenmäßigen Zusammensetzung oder zustandsorientiert bezüglich der Ausprägung einzelner Elementeigenschaften verändert. Deshalb bildet $U_w(t)$ nach Kapitel 2.3.3 eine Beschreibungsgröße des Zustandsabbilds von Fertigungsprozessen.

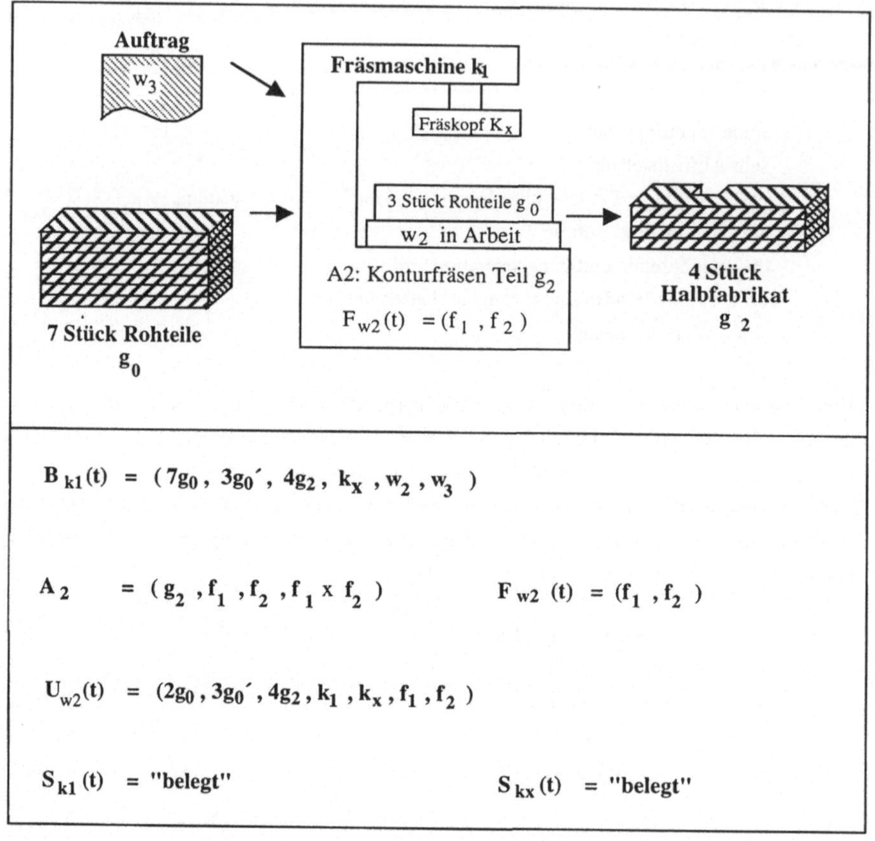

$$B_{k1}(t) = (7g_0, 3g_0', 4g_2, k_x, w_2, w_3)$$

$$A_2 = (g_2, f_1, f_2, f_1 \times f_2) \qquad F_{w2}(t) = (f_1, f_2)$$

$$U_{w2}(t) = (2g_0, 3g_0', 4g_2, k_1, k_x, f_1, f_2)$$

$$S_{k1}(t) = \text{"belegt"} \qquad S_{kx}(t) = \text{"belegt"}$$

Bild 17:   Zustand und auftragsspezifische Belegung des Betriebsmittels k_1

5.1.3   Fertigungsoperationen und -abläufe

Zur Festlegung einer Fertigungsoperation muß nach Kapitel 5.1 für jedes herzustellende Teil $p_{FS} \in P_{FS}$ bekannt sein, welche Kombination von Betriebsmittel und Material eingesetzt werden kann, um p_{FS} zu produzieren, d.h. es können Teilmengen $E_{FS} \subset G_{FS}$ und $H_{FS} \subset K_{FS}$ angegeben werden, die alle für die Fertigung von p_{FS} benötigten Betriebsmittel und Materialien enthalten. Da zu jedem p_{FS} eine oder mehrere Kombinationen (E_{FS}, H_{FS}) angegeben werden können, ist für jede dieser Kombinationen vorauszusetzen, daß p_{FS}

unabhängig von anderen Materialien aus G_{FS} durch direkte Transformation aller g aus E_{FS} gewonnen wird. Dadurch ist das Tupel (p_{FS}, E_{FS}, H_{FS}) kleinste Einheit der Ablaufbeschreibung eines Fertigungsprozesses.

Entsprechend der Zustandsänderung der Eingangsmaterialien g aus E und des resultierenden Werkstücks p unterscheidet /67/ die Fertigungsoperationen in

- **Fertigen**

  $f_B = \{f ; f = (p_B, E_B, H_B) \wedge (|p_B| = 1) \wedge (|E_B| = 1) \wedge (|H_B| > 0)\}$

  Änderung der Geometrie oder Funktion eines Werkstücks

  (z. B. Drehen, Bohren, Fräsen, Umformen usw.)

- **Bewegen**

  $f_T = \{f ; f = (p_T, E_T, H_T) \wedge (|p_T| = 1) \wedge (|E_T| = 1) \wedge (|H_T| = 1)\}$

  Änderung der Position eines Werkstücks

  (z. B. Transportieren, Einlegen, Auswerten usw.)

- **Zusammenführen**

  $f_M = \{f ; f = (p_M, E_M, H_M) \wedge (|p_M| = 1) \wedge (|E_M| > 1) \wedge (|H_M| > 0)\}$

  Änderung der Struktur oder Zusammensetzung eines Werkstücks

  (z. B. Montieren, Schweißen usw.)

- **Trennen**

  $f_D = \{f ; f = (p_D, E_D, H_D) \wedge (|p_D| > 1) \wedge (|E_D| = 1) \wedge (|H_D| > 0)\}$

  Änderung der Struktur oder Zusammensetzung eines Werkstücks

  (z. B. sägen, splittern, schneiden usw.).

Die Menge der Fertigungsoperationen F ergibt sich somit als Vereinigungsmenge von $F_B \cup F_T \cup F_M \cup F_D$. Bezogen auf ein Fertigungssystem FS wird F begrenzt durch die in FS nach Kapitel 5.1 durchführbaren Fertigungsaufgaben A_{FS} auf $F_{FS} \subset F$. Das statische Abbild eines Fertigungsprozesses ergibt sich als dessen Ablaufbeschreibung entsprechend der Fertigungsstruktur $R_F \subset (F_{FS} \times F_{FS})$ und der enthaltenen Fertigungsoperationen als Tupel (F_{FS}, R_F). Zur Bestimmung der Bearbeitungsreihenfolge der Fertigungsoperationen können verschiedene Methoden angewendet werden, die in Bild 18 zusammenfassend dargestellt sind. Definiert man zu jeder Fertigungsoperation f einen Rang r (Schrittnummer) entsprechend der fertigungstechnischen Reihenfolge der durchzuführenden Operationen, so ist für einfache Fertigungsabläufe die Reihenfolge beschreibbar als

$$R_F' \quad \subset \quad (F_{FS}' \times F_{FS}')$$
$$\text{mit} \quad F_{FS}' = \{f_{FS}' \; ; f_{FS}' = (f_{FS}, r)\} \, .$$

Dieses Beschreibungsverfahren ist jedoch nicht mehr anwendbar bei alternativen Abläufen mit jeweils komplexen Operationssequenzen. In diesem Fall ist eine eindeutige Festlegung der Reihenfolge durch das mehrfache Auftreten von Fertigungsoperationen mit gleichem Rang nicht mehr möglich. Als Kriterium zur Reihenfolgebeschreibung führt die Übereinstimmung von Ausgangselementen einer Fertigungsoperation mit den Eingangselementen einer zweiten ebenfalls nur für einfache Fertigungsstrukturen und bei geringer Mehrfachverwendung der Materialien zum Erfolg. Werden Werkstücke unter Anwendung unterschiedlicher Betriebsmittel in verschiedene Halbfabrikate weiterverarbeitet, so ist eine Zuordnung zum jeweiligen Erzeugnis aufgrund der modularisierten Betrachtung einzelner Fertigungsoperationen nicht mehr durchführbar. Deshalb werden Fertigungsabläufe im folgenden ausschließlich durch Beziehungen zwischen den Fertigungsoperationen abgebildet, die selbst wieder identifizierbar sind und über Eigenschaften verfügen. Entscheidungskriterien der Ablaufalternativen können dadurch direkt einer Beziehung zwischen zwei Fertigungsoperationen zugeordnet werden.

Erweitert man das statische Abbild eines Fertigungsprozesses (F_{FS}, R_F) um die zeitbezogene Zuordnung von Material, Betriebsmitteln und Fertigungsoperationen zu einem auszuführenden Auftrag in Form des Tupels $U_w(t) = (E_w(t), H_w(t), F_w(t))$, sowie um den aktuellen Zustand der Fertigungsoperation $S_{F_{FS}}(t)$ im Fertigungssystem FS, so ergibt sich für das dynamische Abbild eines Fertigungsprozesses $FP_{FS}(t)$ folgender Zusammenhang:

$$FP_{FS}(t) = (F_{FS}, R_F, U_{W_{FS}}(t), S_{F_{FS}}(t)).$$

$U_{W_{FS}}(t)$ beschreibt darin die Menge aller zum Zeitpunkt t im Fertigungssystem FS auftragsspezifisch gebundenen Betriebsmittel und Materialien, sowie die zur Auftragsdurchführung gehörenden Fertigungsoperationen. Das dynamische Abbild des Fertigungsprozesses $FP_{FS}(t)$ vereinigt somit sowohl die Zustandsabbildung wie auch die Ablaufbeschreibung des Fertigungsprozesses gemäß Kapitel 2.3.3.

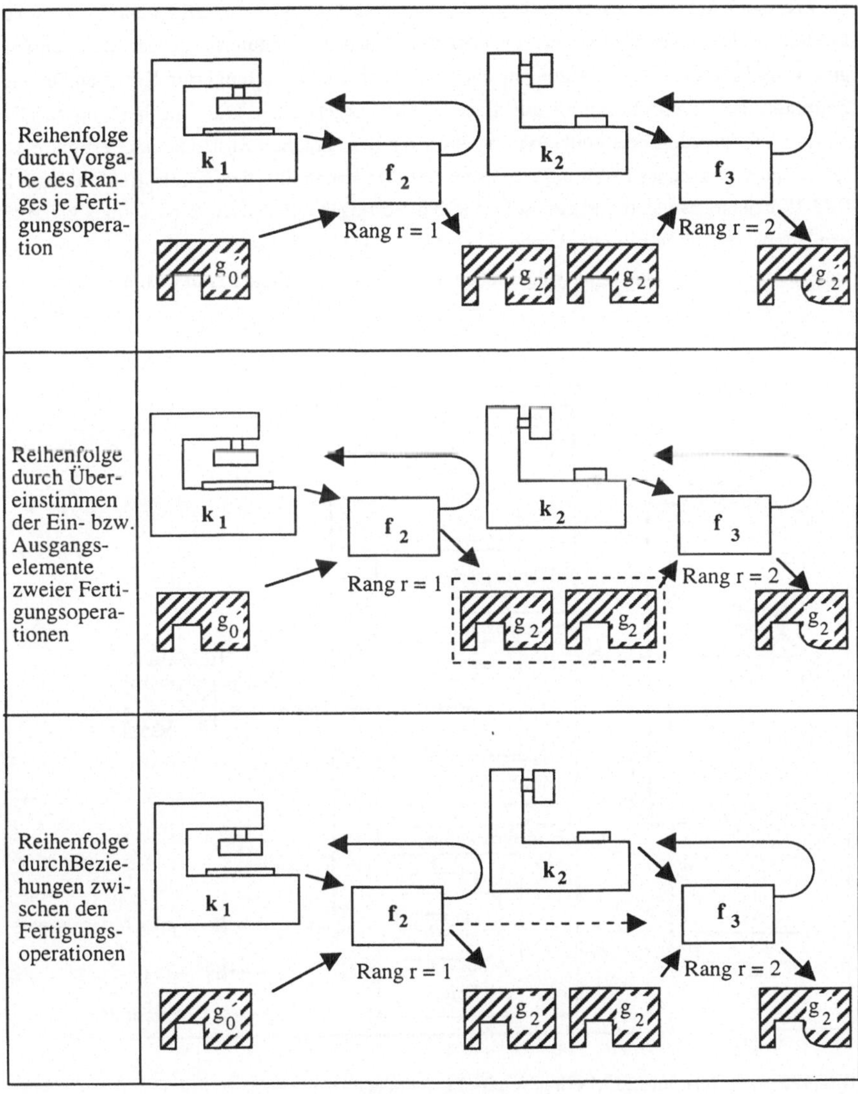

Bild 18: Abbildung der Reihenfolge von Fertigungsoperationen

5.1.4 Alternative Ablaufstrukturen

Der Ablauf eines Fertigungsprozesses beinhaltet eine Folge von Fertigungsoperationen, die ein Erzeugnis auf seinem Bearbeitungsweg vom Roh- bis zum Fertigteil zu durchlaufen hat. Er stellt in der Regel jedoch nur einen der möglichen Bearbeitungswege dar, der sich aufgrund organisatorischer, fertigungstechnischer oder qualitätsorientierter Kriterien für den Zeitpunkt der Durchführung als günstigster Ablauf ergeben hat. Die Entscheidung darüber wird in der flexiblen Fertigungsführung aufgrund des aktuellen Zustands des Fertigungssystems und vorhandener Erfahrungswerte aus der Wiederholteilfertigung getroffen. So kann in Bild 19 beispielsweise die Fräsmaschine k_1 bei Vorliegen einer Störung oder eines kapazitiven Engpasses durch die baugleiche Fräsmaschine k_3 ersetzt werden oder man verwendet eine andere Fertigungstechnologie (Erodieren auf Erodiermaschine k) mit neu definierter

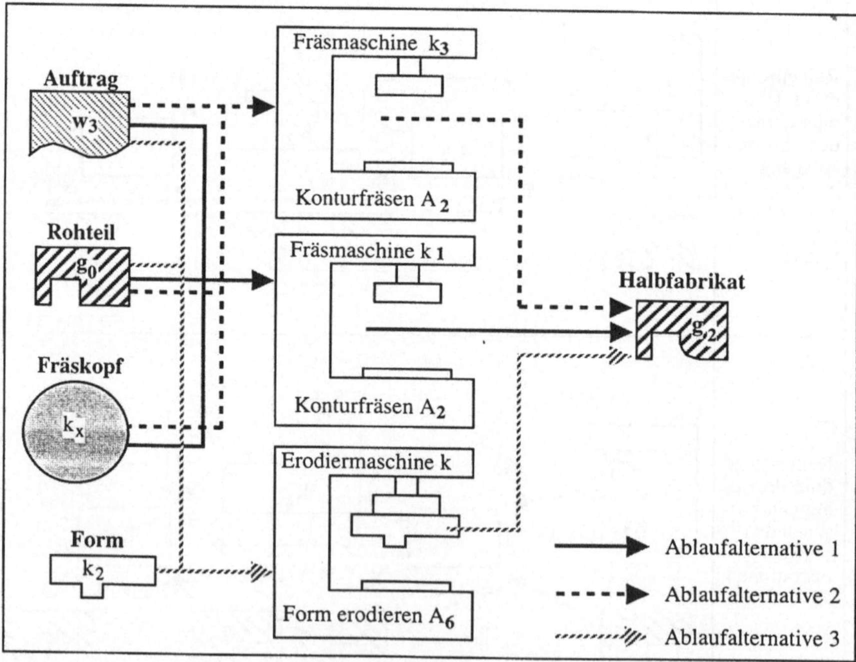

Bild 19:   Beispiel für Alternativen im Fertigungsablauf

Fertigungsaufgabe, um denselben Teilezustand (Halbfabrikat g_2) zu erreichen. Basis für die Entscheidung innerhalb der flexiblen Fertigungsführung ist damit die genaue Kenntnis dieser möglichen alternativen Abläufe sowie ihrer Einsatzbedingungen. Deshalb soll im folgenden auf die Ausprägung und Beschreibung dieser Ablaufalternativen näher eingegangen werden.

In einem Fertigungsprozeß $FP_{FS}(t) = (F_{FS}, R_F, U_{W_{FS}}(t), S_{F_{FS}}(t))$ sind Ablaufalternativen durch Variation der Fertigungsoperationen $f \in F_{FS}$ hinsichtlich der einzusetzenden Betriebsmittel und Materialien, sowie durch Änderung der Ablaufstruktur $R_F \subset (F_{FS} \times F_{FS})$ möglich. Im ersten Fall kann dieselbe Fertigungsoperation mit unterschiedlichen Betriebsmitteln ausgeführt werden (z. B. Alternativmaschinen, Alternativwerkzeuge) oder das zu fertigende Werkstück ist aus verschiedenen Vormaterialien mit derselben Fertigungsoperation herstellbar (z. B. Alternativrohstoffe). Es gilt:

alternative Betriebsmittel $\qquad : f = (p, H_i, E) = (p, H_j, E)$

alternative Vormaterialien $\qquad : f = (p, H, E_i) = (p, H, E_j)$.

Ändert sich jedoch die Fertigungsoperation selbst, d.h. wird das Werkstück mit anderer Fertigungstechnik hergestellt, ist dies verbunden mit dem Einsatz völlig anderer Betriebsmittel und einem geänderten Gesamtablauf des Fertigungsprozesses. Es entstehen alternative Ablaufstrukturen, die im Rahmen einer Ablaufbeschreibung des Fertigungsprozesses abbildbar sein müssen. Prinzipiell ist es möglich, jede abzubildende Ablaufalternative als separaten Gesamtablauf zu beschreiben und vor Beginn der ersten Fertigungsoperation endgültig auszuwählen, welcher Ablauf durchgeführt wird. Diese Entscheidung basiert dann auf prognostizierten Zuständen der Betriebsmittel und Materialien und kann Veränderungen der aktuellen Zustände im Laufe des Fertigungsprozesses nicht berücksichtigen. Deshalb ist diese Form der Abbildung von Fertigungsabläufen für eine flexible Fertigungsführung nicht geeignet. Die Abbildung sämtlicher Alternativen in einer gemeinsamen Ablaufbeschreibung des Fertigungsprozesses führt zu Verzweigungs- bzw. Zusammenführungspunkten innerhalb der Ablaufbeschreibung, die mit einem Entscheidungsbedarf gekoppelt sein müssen. Durchzuführen sind Entscheidungen hinsichtlich fertigungstechnisch alternativer Abläufe sowie alternativ einsetzbarer Betriebsmittel und Materialien, wobei letzteres nicht zur Definition eines neuen Fertigungsablaufs führen soll, sondern nur Alternativentscheidungen hinsichtlich der Eingangsgrößen derselben Fertigungsoperation auslöst. Die endgültige Festlegung der auszuführenden Alternative geschieht im Rahmen eines Entscheidungsprozesses direkt vor Beginn der Ausführung mit der auftragsspezifischen Belegung der Betriebsmittel, Materialien und Fertigungsoperationen als Tupel $U_W(t) = (E_W(t), H_W(t), F_W(t))$.

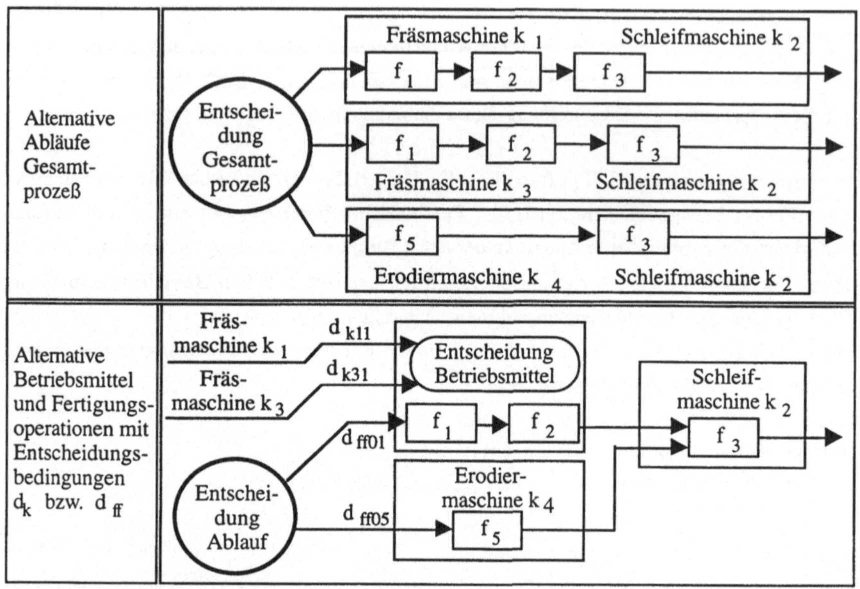

Bild 20:   Abbildung alternativer Abläufe eines Fertigungsprozesses

Dieser Entscheidungsprozeß basiert auf Bedingungen, die für jede Ablaufalternative hinsichtlich zu verwendender Betriebsmittel und Materialien oder durchzuführender Fertigungsoperationen in der Ablaufbeschreibung enthalten sein müssen. Für die Definition dieser Entscheidungsbedingungen $d \in D$ ist die Vollständigkeit in der Beschreibung der möglichen Alternativen, sowie die Eindeutigkeit ihrer Auswertung in bezug auf die zu treffende Auswahl einer dieser Alternativen zu fordern. Damit ergeben sich folgende Ergänzungen für das dynamische Abbild eines Fertigungsprozesses $FP_{FS}(t)$ im Fertigungssystem FS:

$$FP_{FS}'(t) = (F_{FS}', \ R_F', \ U_{wFS}(t), \ S_{FFS}(t))$$

mit $F_{FS}' = \{ f_{FS}' \ ; \ f_{FS}' = (p_{FS}, E_{FS}', H_{FS}') \}$
$E_{FS}' = \{ g' \ ; \ g' = (g, d_g) \}$
$H_{FS}' = \{ k' \ ; \ k' = (k, d_k) \}$ und
$R_F' \subset ((F_{FS}' \times F_{FS}'), d_{ff}) .$

Die Entscheidungsbedingungen d_k, d_g und d_{ff} beziehen sich dabei auf den Einsatz des betreffenden Betriebsmittels bzw. Materials oder auf die Auswahl der zugehörenden Ablaufalternative.

5.2 Ableitung einer graphischen Beschreibungsmethode für Fertigungssystem und -prozeß

Die in Kapitel 5.1 entwickelte, formale Beschreibung eines Fertigungssystems bzw. -prozesses läßt sich - wie in Bild 21 dargestellt - auf Verknüpfungen der Elemente k, g, f und w zurückführen. Deshalb bildet deren symbolhafte Darstellung den Ausgangspunkt zur Definition einer graphischen Beschreibungsmethode, welche es ermöglicht, komplexe organisatorische und fertigungstechnische Zusammenhänge innerhalb eines Fertigungssystems durch Verwendung einer einfachen, problemorientierten Symbolik für den Anwender transparent und änderbar zu machen. Abgebildet werden Abläufe, Zustände und Strukturen dieser Fertigungselemente, die entweder vom Anwender vorgegeben werden oder sich während der Durchführung des Fertigungsprozesses selbständig ereignisorientiert bilden, verändern oder auflösen. Durch Visualisierung der aktuell im Fertigungssystem auftretenden Ereignisse und deren Bearbeitung mit Hilfe weniger flexibel einsetzbarer graphischer Symbole können die komplexen Abhängigkeiten innerhalb der flexiblen Fertigungsführung vom Anwender schneller erfaßt und beeinflußt werden. Dadurch wird die Interaktion des Mitarbeiters mit dem Verfahren überhaupt erst möglich.

5.2.1 Beschreibung von Teile- und Betriebsmittelstrukturen

Alle Fertigungselemente $g \in G_{FS}$ und $k \in K_{FS}$ eines Fertigungssystems FS, die durch die Ausprägung ihrer Eigenschaften einen speziellen, für die Durchführung der Fertigungsaufgabe relevanten Zustand $S_g(t)$ und $S_k(t)$ erreicht haben, bilden eine ausgezeichnete Menge $G_i \subset G_{FS}$ bzw. $K_i \subset K_{FS}$, die in Anlehnung an die Arbeiten von /67, 75, 90/ graphisch durch ein Dreieck als Zustandsknoten eines Beschreibungsnetzwerkes symbolisiert wird. Elemente, die zu einem Zustandsknoten zusammengefaßt werden, sind z.B. Werkstücke im gleichen Fertigungszustand oder Betriebsmittel gleichen Typs. Da die Beschreibung des Zustands $S_g(t)$ bzw. $S_k(t)$ üblicherweise nur eine begrenzte Anzahl von Eigenschaften eines Elements g bzw. k verwendet, können innerhalb der Mengen G_i bzw. K_i eines Zustandsknotens weitere Teilmengen unterschieden werden, die sich aus einer detaillierten Betrachtung der Elemtenteigenschaften oder -ausprägungen ergeben. Das führt entweder zur Bildung neuer Zustandsknoten

Relation →	Operation f *	Betriebsmittel k*	Auftrag w *	Material g *
Operation f	• **Fertigungsstruktur** $R_F \subseteq (F_{FS} \times F_{FS})$ • **alternative Fertigungsoperationen** $(r_i\,|f_i, r_j\,|f_j)$	• **Betriebsmittelbedarf Fertigungsoperation** $f_{FS} = (p_{FS}, E_{FS}, H_{FS})$	• **Zuordnung Auftrag/ Fertigungsoperation** $U_w(t) = (E_w(t), H_w(t), F_w(t))$	• **Materialbedarf Fertigungsoperation** $f_{FS} = (p_{FS}, E_{FS}, H_{FS})$
Betriebsmittel k	• **Betriebsmittelzuordnung Fertigungsoperation** $f_{FS} = (p_{FS}, E_{FS}, H_{FS})$	• **Materialfluß** $MF_{FS} \subseteq (K_{FS} \times K_{FS})$ • **Betriebsmittelbelegung** $B_k(t) = (E_{B_k}(t), H_{B_k}(t), W_{B_k}(t))$ • **Betriebsmittelgruppe** $K_{i,j} = (k_i, k_j)$	• **Betriebsmittelbelegung** $B_k(t) = (E_{B_k}(t), H_{B_k}(t), W_{B_k}(t))$ • **Auftragsspezifische Betriebsmittelbelegung** $U_w(t) = (E_w(t), H_w(t), F_w(t))$	• **Betriebsmittelbelegung** $B_k(t) = (E_{B_k}(t), H_{B_k}(t), W_{B_k}(t))$ • **Transporteinheit** $L = (g_i, g_j, k_T)$
Auftrag w	• **Zuordnung Auftrag/ Fertigungsoperation** $U_w(t) = (E_w(t), H_w(t), F_w(t))$	• **Betriebsmittelbelegung** $B_k(t) = (E_{B_k}(t), H_{B_k}(t), W_{B_k}(t))$ • **auftragsspezifische Betriebsmittelbelegung** $U_w(t) = (E_w(t), H_w(t), F_w(t))$	• **Auftragsnetz** $R_w \subseteq (W \times W)$ • **Auftragsreihenfolge** $(r_i\,|w_i, r_j\,|w_j)$	• **Materialbedarf Auftrag** $U_w(t) = (E_w(t), H_w(t), F_w(t))$
Material g	• **Materialzuordnung Fertigungsoperation** $f = (p_{FS}, E_{FS}, H_{FS})$	• **Betriebsmittelbelegung** $B_k(t) = (E_{B_k}(t), H_{B_k}(t), W_{B_k}(t))$ • **Transporteinheit** $L = (g_i, g_j, k_T)$	• **Materialzuordnung Auftrag** $U_w(t) = (E_w(t), H_w(t), F_w(t))$	• **Teilestruktur** $R_G \subseteq (G_{FS} \times G_{FS})$ • **Teilesatz** $G_{i,j} = (g_i, g_j)$ • **Gozintograph** $[G_{FS}, R_G]$

Bild 21: Elemente und Relationen der formalen Beschreibung von Fertigungssystem und -prozeß

innerhalb der Ausgangsmenge G_i bzw. K_i oder in der höchsten Detaillierungsstufe des Abbildes eines Fertigungssystems zu einzelnen Fertigungselementen g und k, die ein in der Ausführungsebene direkt identifizierbares, physisch vorhandenes Gegenstück repräsentieren (z.B. Fräsmaschine k_1, einzelnes Werkstück vom Typ g_2). Diese letzte Stufe der Abbildungsgenauigkeit wird im folgenden durch ein Punktsymbol dargestellt[1].

●	Element k oder g mit bestimmtem Zustand	• Werkstück g_i • Betriebsmittel k_i • physischer Teilesatz $G_{i,j}$
△	Menge von Elementen $k_i \subset K_{FS}$ oder $G_i \subset G_{FS}$ mit gleichem Zustand ("Zustandsknoten")	• Betriebsmittelklasse K_i • Materialklasse G_i
·········▶	organisatorische oder klassifizierende Beziehung zwischen zwei Zustandsknoten	• Teilestruktur R_G • Materialfluß MF
– – –n– –▶	gruppierende Beziehungen zwischen zwei Zustandsknoten bezüglich n Elementen	• Betriebsmittelgruppe $K_{i,j}$ • Teilesatz $G_{i,j}$ • Transporteinheit L • Gozintograph $[G_{FS}\, R_G]$

Bild 22: Symbolik zur Abbildung von Teile- und Betriebsmittelstrukturen (vgl. /42, 43, 67, 75, 90/)

Zwischen den einzelnen Fertigungselementen g, k bzw. den Mengen G_i, K_i verschiedener Zustandsknoten können – wie in Kapitel 5.1 beschrieben – vielfältige Beziehungen existieren, die zu einer organisatorischen, klassifizierenden oder gruppierenden Strukturierung der Elemente führen. Die graphische Darstellung dieser Beziehungen erfolgt in Form gestrichelter oder gepunkteter Verbindungspfeile zwischen den durch Dreieckssymbole abgebildeten Zustandsknoten. Durch die Richtungsvorgabe der Pfeile wird die Abbildung hierarchischer Zuweisungen möglich ("Erodierform k_Z ist Bestandteil der Werkzeugklasse "Erodierformelektroden K_Z"). Bei ausschließlich gruppierenden Beziehungen zwischen den Elementen verschiedener Zustandsknoten wird aus der Elementemenge jedes Zustandsknotens eine

---

[1] Im Rahmen einer objektorientierten Betrachtungsweise von Fertigungssystemen werden einzelne Fertigungsobjekte mit gleichen Wertzuweisungen einzelner Attribute zu einer Klasse zusammengefaßt, die ihrerseits wieder ein Objekt und somit Bestandteil einer übergeordneten Klasse sein kann. Als unterste Stufe der Objekthierarchie bildet die Instanz das direkte Abbild eines physisch vorhandenen Fertigungselements.

bestimmte Anzahl von Elementen einem übergeordneten Zustandsknoten zugeteilt (2 Elemente der Zustandsmenge "Halbfabrikate g_4" gehören zum Teilesatz $G_{4,5}$). Die zur Abbildung dieser Beziehungen verwendeten Verbindungspfeile werden mit der Anzahl der jeweils in den übergeordneten Zustandsknoten einfließenden Elemente bewertet. Die Zuordnung der graphischen Symbole für die Abbildung von Teile- und Betriebsmittelstrukturen zu den Elementen und Relationen der formalen Beschreibung des Fertigungssystems bzw. -prozesses aus Kapitel 5.1 sind in Bild 22 dargestellt.

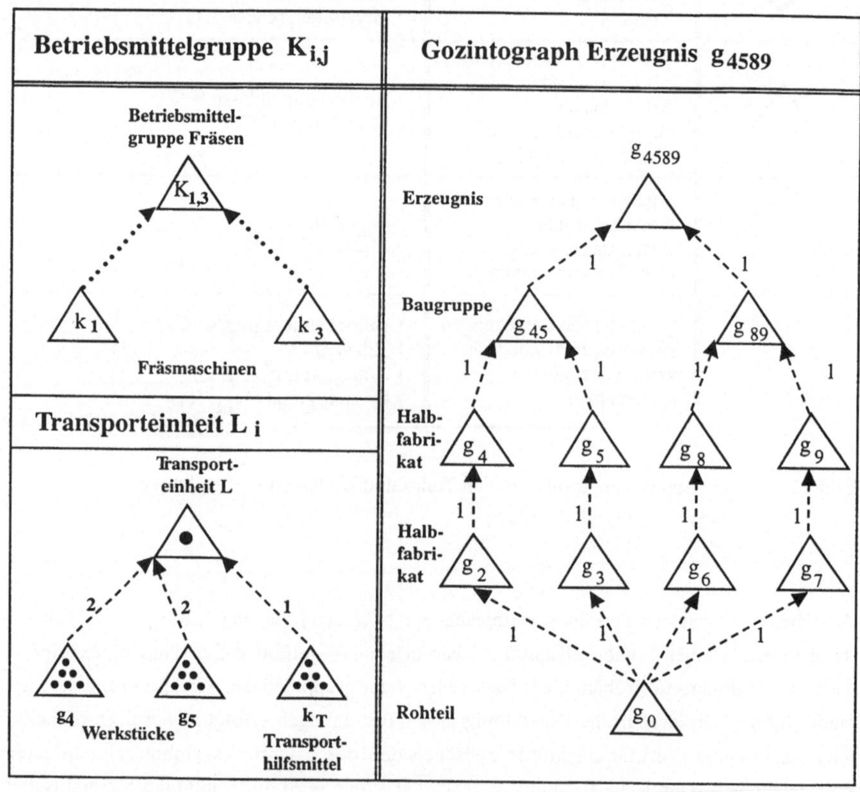

Bild 23:   Beispiele der Abbildung von Betriebsmittel- und Teilestrukturen

Bild 23 zeigt beispielhaft Ausschnitte verschiedener Abbildungen von Teile- oder Betriebsmittelstrukturen unter Verwendung der eingeführten Symbolik. Während die organisatorischen oder klassifizierenden Beziehungen für den zeitlichen Betrachtungsraum der flexiblen Fertigungsführung als unveränderbar angesehen werden können, gelten gruppierende Beziehungen als temporär. Die Detaillierungsstufen in der Abbildung von Betriebsmitteln und Materialien variieren ebenfalls und gehen von einer eindeutig identifizierbaren Beschreibung physisch vorhandener Werkstücke (z.B. in der Transporteinheit) bis hin zur ausschließlichen Angabe von Materialklassen (z.B. in in der Erzeugnisstruktur oder bei der Betriebsmittelguppe).

5.2.2 Ablaufbeschreibung des Fertigungsprozesses

Aufbauend auf der erweiterten Fertigungsstruktur R_F' sowie der Menge aller Fertigungsoperationen F_{FS}' läßt sich eine vollständige Ablaufbeschreibung des Fertigungsprozesses in Form eines Netzwerkes darstellen. Die Kanten dieses Netzwerkes bilden die Beziehungen zwischen Fertigungsoperationen f_{FS}', Betriebsmitteln k' und Materialien g', die als zustands oder durchführungsorientierte Knoten[1] in das Netzwerk eingehen. Wie in Kapitel 5.2.1 dargestellt, werden die Betriebsmittel k' und Materialien g' entsprechend ihrem Zustand innerhalb des Fertigungsprozesses verschiedenen Teilmengen zugeordnet, die als Zustandsknoten im Netzwerk abgebildet werden - graphisch symbolisiert durch ein Dreieck. Die Fertigungsoperationen f_{FS}' bilden die durchlauforientierten Knoten des Netzwerkes. Sie werden als Operationsknoten bezeichnet und graphisch durch ein Rechtecksymbol abgebildet.

Sollen zwei Fertigungsoperationen nacheinander (sequentiell) ausgeführt werden, kann die zweite Operation erst starten, wenn die erste vollständig beendet ist. Bei parallelen Fertigungsoperationen müssen diese erst alle abgearbeitet sein, bevor eine sich sequentiell an-

---

[1] Der Unterschied zwischen beiden Formen wird besonders deutlich, wenn man den Fertigungsablauf als gerichteten Graphen interpretiert. Bei der durchführungsorientierten Darstellung repräsentieren die Knoten einzelne Fertigungsoperationen, die Kanten stellen die Beziehungen zwischen den Operationen entsprechend der Fertigungsfolge dar. Alternative Abläufe können somit ebenfalls abgebildet werden. Schwierig gestaltet sich aber nach /5/ sowohl die Beschreibung des aktuellen Zustands eines Fertigungsprozesses wie auch die Berücksichtigung der unterschiedlichen Zustände von Betriebsmittel und Materialien.
Die zustandsorientierte Darstellung ist gekennzeichnet durch die Zuweisung der Fertigungsoperation zu den Kanten, die Knoten repräsentieren mögliche Zwischenzustände des Fertigungsablaufs, beispielsweise mögliche Werkstückbestände. Ersetzende Fertigungsoperationen, die von gleichen Werstückzuständen ausgehen und zu gleichen Zuständen führen, können nach /68/ mit Hilfe einer logischen ODER-Verknüpfung dargestellt werden. Ein neuer Zustand ergibt sich aus der Konjunktion des Vorzustands mit den auszuführenden Fertigungsoperationen. Allerdings muß von der detaillierten Beschreibung des Zustands einer Fertigungsoperation bei der zustandsorientierten Darstellung Abstand genommen werden, da er nur aus den nach der Durchführung der Operation resultierenden Betriebsmittel - bzw. Materialzuständen abzuleiten ist.

schließende Operation begonnen werden kann (z.B. parallele Fertigung von Einzelteilen und anschließende Montage). Daraus folgt, daß nach jeder Fertigungsoperation ein Synchronisationsbedarf vorliegt, falls die Nachfolgeoperation noch nicht durchführbar ist. Für den Aufbau des abbildenden Netzwerkes bedeutet dies, daß Operations- und Zustandsknoten nicht beziehungslos nebeneinander stehen, sondern durch gerichtete Kanten – entsprechend dem Materialfluß – verbunden werden. Die Zustandsknoten dienen dabei der Synchronisation verschiedener aufeinanderfolgender Operationen und werden deshalb in /42, 43, 67, 75, 90/ auch als Synchronisationsknoten bezeichnet. Die Beziehungen (Kanten) zwischen Operations- und Zustandsknoten dienen ausschließlich der Abbildung des Materialflusses und werden deshalb, im Gegensatz zu den rein strukturierenden Beziehungen aus Kapitel 5.2.1, graphisch durch Pfeile aus Vollinien repräsentiert. Sollen organisatorische oder klassifizierende Beziehungen zwischen einzelnen Fertigungsoperationen abgebildet werden (z. B. im Rahmen der Fertigungsstruktur $R_F \subset (F_{FS} \times F_{FS})$, vgl. Bild 21), so wird dazu auf die Symbolik gepunkteter Verbindungspfeile, wie in Kapitel 5.2.1 dargestellt, zurückgegriffen. Dies gilt ebenso für Beziehungen zwischen einer Fertigungsoperation f_i und ihren alternativ anwendbaren Nachfolgeoperationen f_{i+1}'. Die zu jeder Alternative gehörende Auswahlbedingung d_{ff} aus $R_F' \subset ((F_{FS}' \times F_{FS}'), d_{ff})$ wird somit zum Attribut der jeweiligen Beziehung und in der Symbolik als zusätzliche Angabe d_{ff} zum gepunkteten Verbindungspfeil dargestellt.

Die zur Entscheidung alternativer Abläufe in Kapitel 5.1.4 eingeführten Entscheidungsbedingungen werden im Rahmen der Ablaufbeschreibung des Fertigungsprozesses den betreffenden Operationsknoten zugeordnet. Im einzelnen sind dabei folgende Entscheidungsbedingungen zu berücksichtigen:

- d_{gI} zur Auswahl alternativ einsetzbarer Materialien $g' \in E_{FS}'$ mit $g' = (g, d_{gI})$

- d_{kI} zur Auswahl alternativ einsetzbarer Betriebsmittel $k' \in H_{FS}'$ mit $k' = (k, d_{kI})$

- d_{fI} zum Ausführungsstart der zugehörenden Fertigungsoperation $f_{FS}' = (f, d_{fI})$ bzw. zur Auswahl alternativ startbarer Fertigungsoperationen $f_{FS}' \in F_{FS}'$

- d_{gO} zur Zuordnung der resultierenden Materialien $p_{FS}' \in P_{FS}'$ mit $p' = (p, d_{gO})$ entsprechend ihrem Zustand

- d_{kO} zur Zuordnung der eingesetzten Betriebsmittel $k' \in H_{FS}'$ mit $k' = (k, d_{kO})$ entsprechend ihrem Zustand

- d_{fO} zum Ausführungsende der zugehörenden Fertigungsoperation $f_{FS}' = (f, d_{fO})$.

Die Entscheidungsbedingungen d_{gl}, d_{kl}, d_{fl} beschreiben die zum Ausführungsstart der Fertigungsoperation notwendige Situation im Fertigungssystem bzw. die Einsatzbedingungen der zur Ausführung notwendigen Betriebsmittel und Materialien. Sie werden deshalb im folgenden zusammenfassend als Eingangssteuerung des Operationsknotens bezeichnet. Im Gegensatz dazu werden d_{g0}, d_{k0} und d_{f0}, die das Ausführungsende der Fertigungsoperation bzw. die Zustandsdefinition der daraus resultierenden Materialien und Betriebsmittel betreffen, zur Ausgangssteuerung des Operationsknotens.

Variable Größen der Entscheidungsbedingungen von Ein- und Ausgangssteuerung eines Operationsknotens sind:

- die mengenmäßige Verfugbarkeit aller zur Durchführung der
  Fertigungsoperation notwendigen Elemente k bzw. g im jeweils
  geforderten Zustand,

- die Menge und der Zustand aller aus der Durchführung der
  Fertigungsoperation resultierenden Elemente k bzw. g,

- die Aufträge und Meldungen der übergeordneten Planungsebenen, der
  Ausführungsebene oder der Ein- und Ausgangssteuerungen anderer
  Operationsknoten, die zeitliche oder zustandsorientierte Vorgabe für
  die Durchführung der Fertigungsoperation beinhalten.

Der Begriff Auftrag umfaßt in diesem Zusammenhang sowohl Werkstattaufträge der übergeordneten Planungsebene als auch Meldungen anderer Operationsknoten, die zu einem Auslösen vorgegebener Fertigungsaktionen oder -operationen führen und den betrachteten Operationsknoten betreffen. Ein Auftrag enthält Orts-, Zeit-, Material- und Mengenangaben sowie Verweise auf Aufgabenbeschreibungen und wird als Element des Steuerungsinformationsflusses in der übergeordneten Planungsebene oder der Ein- und Ausgangssteuerung eines Operationsknotens erzeugt[1] . Aufträge beeinflussen, ähnlich den Eingangselementen k bzw. g eines Operationsknotens, dessen Eingangssteuerung (z.B. durch Vorgabe eines Starttermins für die Durchführung der Operation). Genauso werden bei Abschluß einer Operation von der Ausgangssteuerung des Operationsknotens Meldungen für den Steuerungsinformationsfluß erzeugt und an andere Operationsknoten weitergeleitet (z.B. Fertigmeldungen,

---

[1] Organisatorische oder klassifizierende Beziehungen zwischen verschiedenen Aufträgen (z. B. Auftragsnetz Rw oder Auftragsreihenfolge ($r_i \mid w_i$, $r_j \mid w_j$) werden im Rahmen der flexiblen Fertigungsführung nicht betrachtet, da ihre Berücksichtigung schon im Rahmen der Auftragsfreigabe durch die Ebene der Fertigungsleitung erfolgt ist.

Rückmeldungen usw.). Die Beziehungen des Steuerungsinformationsflusses werden in der Abbildung des Fertigungsprozesses als Kanten zwischen verschiedenen Operationsknoten dargestellt und graphisch ähnlich den Materialflußbeziehungen durch Pfeile aus Vollinien repräsentiert, die Ein- bzw. Ausgangssteuerung zweier Operationsknoten miteinander verbinden. Die sich damit ergebenden Symbole zur Ablaufbeschreibung des Fertigungsprozesses und ihre Zuordnung zu den Elementen und Relationen der formalen Beschreibung von Fertigungssystem und -prozeß aus Kapitel 5.1 sind in Bild 24 dargestellt.

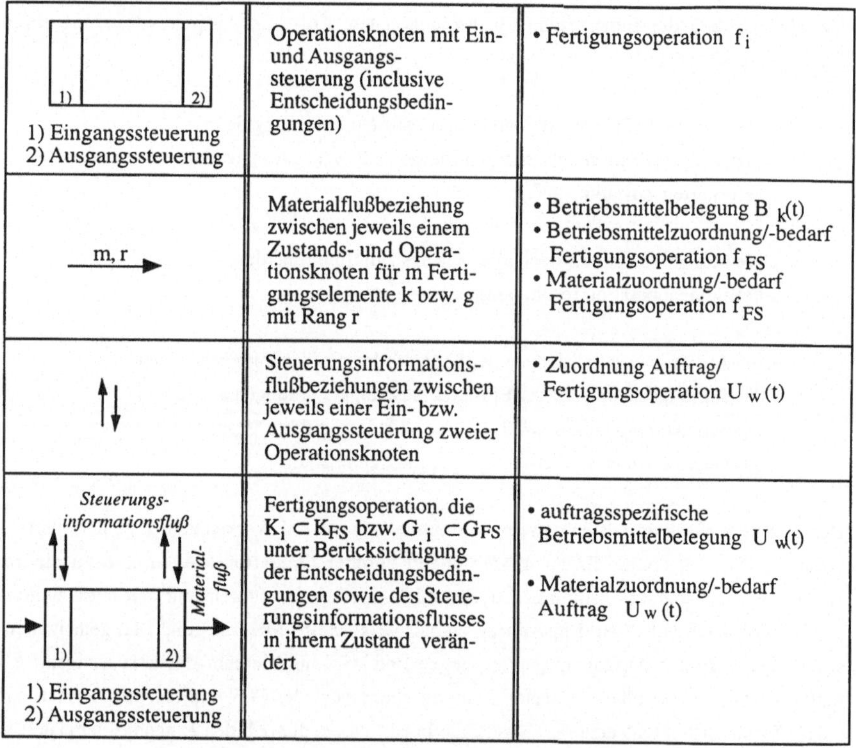

	Operationsknoten mit Ein- und Ausgangs-steuerung (inclusive Entscheidungsbedingungen)	• Fertigungsoperation f_i
1) Eingangssteuerung 2) Ausgangssteuerung		
m, r →	Materialflußbeziehung zwischen jeweils einem Zustands- und Operationsknoten für m Fertigungselemente k bzw. g mit Rang r	• Betriebsmittelbelegung $B_k(t)$ • Betriebsmittelzuordnung/-bedarf Fertigungsoperation f_{FS} • Materialzuordnung/-bedarf Fertigungsoperation f_{FS}
↑↓	Steuerungsinformationsflußbeziehungen zwischen jeweils einer Ein- bzw. Ausgangssteuerung zweier Operationsknoten	• Zuordnung Auftrag/ Fertigungsoperation $U_w(t)$
Steuerungs-informationsfluß / *Material-fluß* / 1) 2) / 1) Eingangssteuerung 2) Ausgangssteuerung	Fertigungsoperation, die $K_i \subset K_{FS}$ bzw. $G_i \subset G_{FS}$ unter Berücksichtigung der Entscheidungsbedingungen sowie des Steuerungsinformationsflusses in ihrem Zustand verändert	• auftragsspezifische Betriebsmittelbelegung $U_w(t)$ • Materialzuordnung/-bedarf Auftrag $U_w(t)$

Bild 24:   Symbolik zur Ablaufbeschreibung des Fertigungsprozesses
(vgl. /42, 43, 67, 75, 90/)

Für die Erstellung der Ablaufbeschreibung des Fertigungsprozesses können Informationen aus den üblicherweise vorhandenen Arbeitsplänen und Stücklisten[1] verwendet werden. Im

---

[1] Zu Aufbau und Inhalt von Stücklisten und Arbeitsplänen siehe /10, 40, 41, 85/.

Arbeitsplan sind die an einem Werkstück durchzuführenden Operationen – zumindest teilweise – enthalten. Ebenso gibt der Arbeitsplan an, mit welchen Betriebsmitteln eine Operation durchzuführen ist und wie lange sie dauert. Ortsveränderungen (Transporte) eines

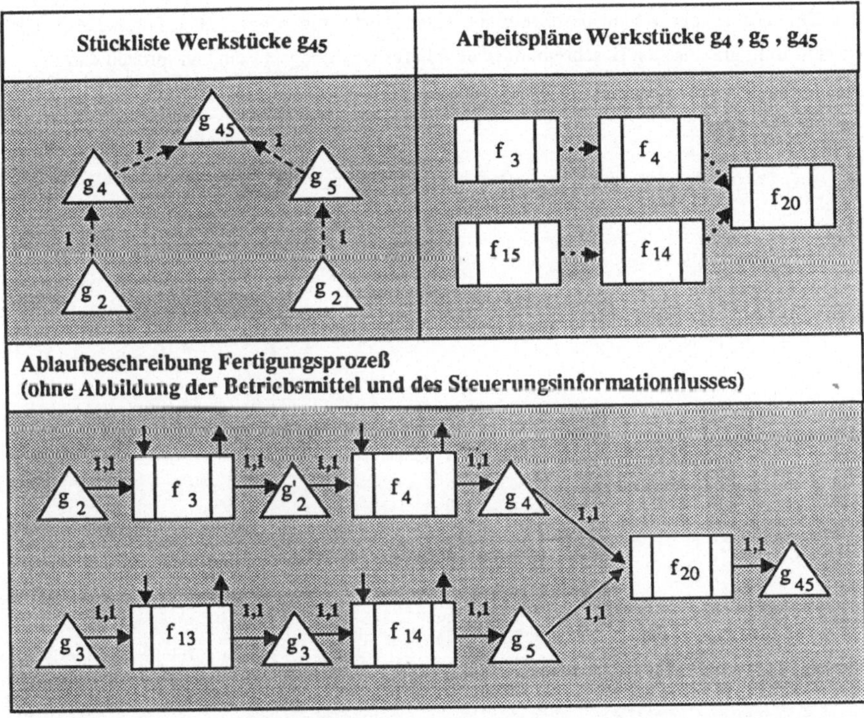

Bild 25:   Aufbau der Ablaufbeschreibung eines Fertigungsprozesses aus Arbeitsplänen und Stücklisten

Betriebsmittels oder Werkstücks werden nicht im Arbeitsplan geführt, sondern nur als pauschale Übergangszeit zwischen zwei Arbeitsgängen berücksichtigt. Mögliche Alternativen in bezug auf einzusetzende Technologie, Betriebsmittel oder Material sind in heute üblichen Arbeitsplanformen entweder gar nicht oder nur durch Zusatzangaben innerhalb der Arbeits-gangbeschreibung enthalten. Informationen über die Struktur der Werkstücke sind der Stückliste zu entnehmen. Allerdings werden nur Werkstücke, die einen festgelegten Fertigungszustand erreicht haben, in die Stückliste mit jeweils neuer Teilenummer aufgenom-men. Daraus folgt, daß jeder Zustandsänderung eines Werkstücks zwar eine erzeugende

Fertigungsoperation zugeordnet ist, aber nicht alle Fertigungszustände der Werkstücke in der Stückliste abgebildet sind /3, 34, 50/. Stücklisten und Arbeitspläne werden im Rahmen der formalen Beschreibung von Fertigungssystem und -prozeß durch den Gozintographen [G_{FS}, R_G] , bzw. die Fertigungsstruktur $R_F \subset (F_{FS} \times F_{FS})$ abgebildet. Bild 25 stellt beispielhaft die Entstehung der Ablaufbeschreibung eines Fertigungsprozesses auf der Basis der eingeführten graphischen Beschreibungsmethode für Fertigungssystem und -prozeß dar.

Im folgenden wird - unter Verwendung der Formalismen und Hilfsmittel aus Kapitel 5 - ein Verfahren zur flexiblen Fertigungsführung beschrieben, das im kurzfristigen Zeitbereich zustands- und terminorientiert den Ablauf von Fertigungsprozessen auf der Basis von Ereignissen plant und steuert. Dabei müssen Zustände und Abläufe, die aufgrund vorhandener Planungsdaten vorhersehbar sind, genauso in das Verfahren miteinbezogen werden, wie stochastisch auftretende Ereignisse, die für den aktuellen Zeitpunkt Veränderungen im Fertigungssystem bzw. -prozeß anzeigen. Für die Bearbeitung dieser Ereignisse können aufgrund der zumeist vorgeschriebenen kurzen Reaktionszeiten keine aufwendigen Planungs- und Steuerungsmechanismen eingesetzt werden, die optimierend auf den gesamten Fertigungsprozeß einwirken, sondern es bleibt nur die Betrachtung der unmittelbar nächsten auszulösenden Fertigungsoperationen innerhalb des Ablaufs oder einer begrenzten Anzahl von Zuständen innerhalb des Fertigungssystems. Daraus werden die einzuleitenden Maßnahmen durch zeitlich optimierte Auswahlverfahren ermittelt. Im folgenden werden zunächst charakteristische Merkmale der planenden und ereignisgesteuerten Verfahrenskomponenten diskutiert, um im Anschluß daran verschiedene Methoden zur Ereignisbearbeitung festzuschreiben. Die Entscheidung, welche Methode in der gegebenen Situation zum Einsatz kommt, erfolgt abhängig vom aktuellen Zustand des Fertigungssystems bzw. -prozesses oder dem auslösenden Ereignis im Rahmen der abschließend beschriebenen Methodenauswahl.

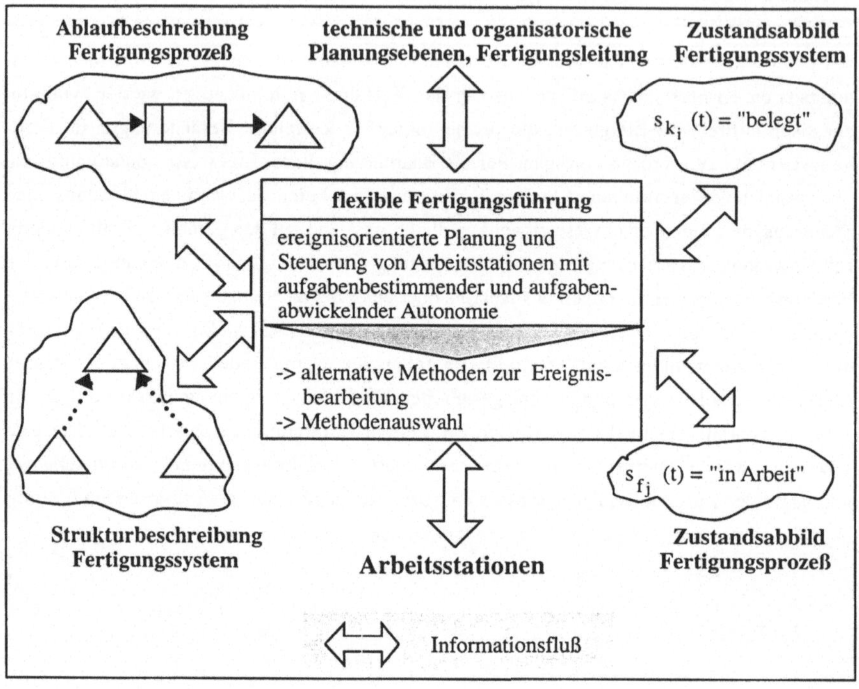

Bild 26:   Umfeld der ereignisorientierten Planung und Steuerung

6.1   Planende und ereignisorientierte Verfahrenskomponenten

6.1.1   Planen im Kurzfristbereich

Ausgehend von der aktuellen Auftragsbelegung der Betriebsmittel $U_{WFS}(t_0)$ zum Zeitpunkt t_0, der geplanten Auftragsbelegung $U_{WFS}(t)$ mit $t > t_0$ und der dazugehörenden Betriebsmit- telbelegung $B_{KFS}(t_0)$ bzw. $B_{KFS}(t)$ ergibt sich für die Durchführung einer Planung zum Zeitpunkt t_0 folgende Situation:

-     Basis für die Durchführung der Planung zum Zeitpunkt t_{P1} mit $t_{P1} \geq t_0$ ist die Auftragsbelegung $U_{WFS}(t_{P0})$ bzw. die geplante Belegung $B_{KFS}(t)$ mit $t > t_{P0}$ zum Zeitpunkt t_{P0} mit $t_{P0} \geq t_{P1}$ (Planungsbasis).

- Die Durchführungsdauer der Planung Δt_p ist abhängig von der Anzahl neu einzuplanender Aufträge ΔW_{FS}, dem Betriebszustand $S_{KFS}(t)$ der Betriebsmittel des Fertigungssystems FS, der geplanten Belegung $B_{KFS}(t)$ und dem zu planenden Zeithorizont T_p. Eine deterministische Beschreibung von Δt_p ist aufgrund des stochastischen Charakters der Betriebsparameter nicht angebbar.

- Im Fertigungssystem FS gibt es keine unproduktiven Zeitanteile, die für Planungsvorgänge genutzt werden könnten (3-Schicht-Betrieb). Alle Planungsaktivitäten müßen deshalb parallel zum laufenden Fertigungsprozeß abgewickelt werden.

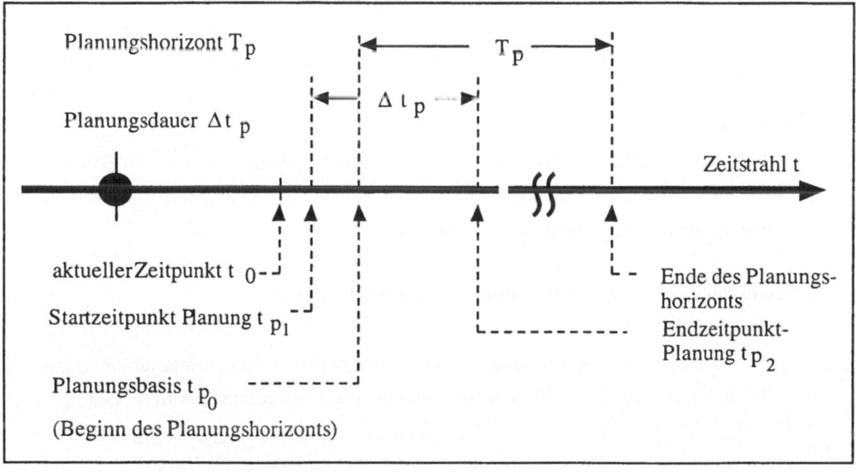

Bild 27:   Zeitlicher Ablauf der Planung

Für die Planung im kurzfristigen Zeitbereich ist daraus abzuleiten, daß auftragsbezogene Rückmeldungen bzw. Störungsmeldungen einzelner Betriebsmittel, die während der Durchführungsdauer der Planung $\Delta t_p = t_{p2} - t_{p1}$ auftreten, nicht mehr Bestandteil der aktuellen Planung sein können. Zu deren Bearbeitung ist nach Abschluß der Planung zum Zeitpunkt t_{p2} ein erneuter Planungslauf aufbauend auf der geänderten Planungsbasis notwendig. Da diese ebenfalls während der Durchführungsdauer der Planung verändert werden kann, würde –

überspitzt gesagt – jede Fertigungsaktivität durch den Plangungsalgorithmus sofort im Keim erstickt und die Durchführungsdauer für eine Planung unendlich. Um dies zu verhindern, ist die Wahrscheinlichkeit eines erneuten Planungslaufs aufgrund veränderter Planungsbasis zu minimieren. Dazu sind folgende Maßnahmen für die Planung im kurzfristigen Zeitbereich notwendig:

- **generelle Reduzierung der Planungshäufigkeit**

  Auf der Basis einer genaueren Planung im mittelfristigen Bereich ergibt sich im kurzfristigen Bereich eine Betriebsmittelbelegung $B_{KFS}(t)$ bzw. Auftragsbelegung $U_{WFS}(t)$, die nur noch bei Sondersituationen (Störungen, Terminüberschreitungen usw.) umzuplanen ist. D.h. der Anstoß eines Planungslaufes geschieht nicht zyklisch – wie bei allen lang- und mittelfristigen Planungsverfahren – sondern ereignisorientiert. Die Ereignisse, die zu einer Planung führen, können dabei entweder innerhalb der Ausführungsebene des Fertigungssystems entstehen oder aber im Planungssystem auftreten (z.B. Feststellen eines Terminverzugs, usw.). Durch eine genaue Klassifikation der Ereignisse wird ihr Planungsbedarf festgestellt und die Planungshäufigkeit damit direkt auf das erforderliche Maß reduziert. Zudem ordnet diese Klassifikation jedem Ereignis seine Bearbeitungsebene (flexible Fertigungsführung, Fertigungsleitung oder organisatorische und technische Planungsebenen) und seinen Toleranzbereich (zugelasseneAbweichung der vom Ereignis betroffenen Prozeßzustände und -ausprägungen von vorgegebenen Grenzwerten) zu.

- **Reduzierung der Durchführungsdauer einer Planung**

  Mögliche Maßnahmen zur Verkürzung der Planungsdauer beschränken sich auf eine Reduzierung des einzuplanenden bzw. umzuplanenden Auftragsumfangs sowie die zeitliche Optimierung des Planungsverfahrens. Für die ereignisorientierte Durchführung von Planungsläufen innerhalb einer flexiblen Fertigungsführung reduziert sich der einzuplanende bzw. umzuplanende Auftragsumfang ΔW_{FS} auf

  * den direkt mit dem auslösenden Ereignis verbundenen Werkstattauftrag, (z.B. bei Betriebsmittelstörung während der Auftragsausführung),
  * den nächsten von dem auslösenden Ereignis direkt betroffenen Werkstattauftrag, (z.B. bei Ausfall eines Betriebsmittels), sowie
  * eine begrenzte Anzahl von nachfolgenden Werkstattaufträgen.

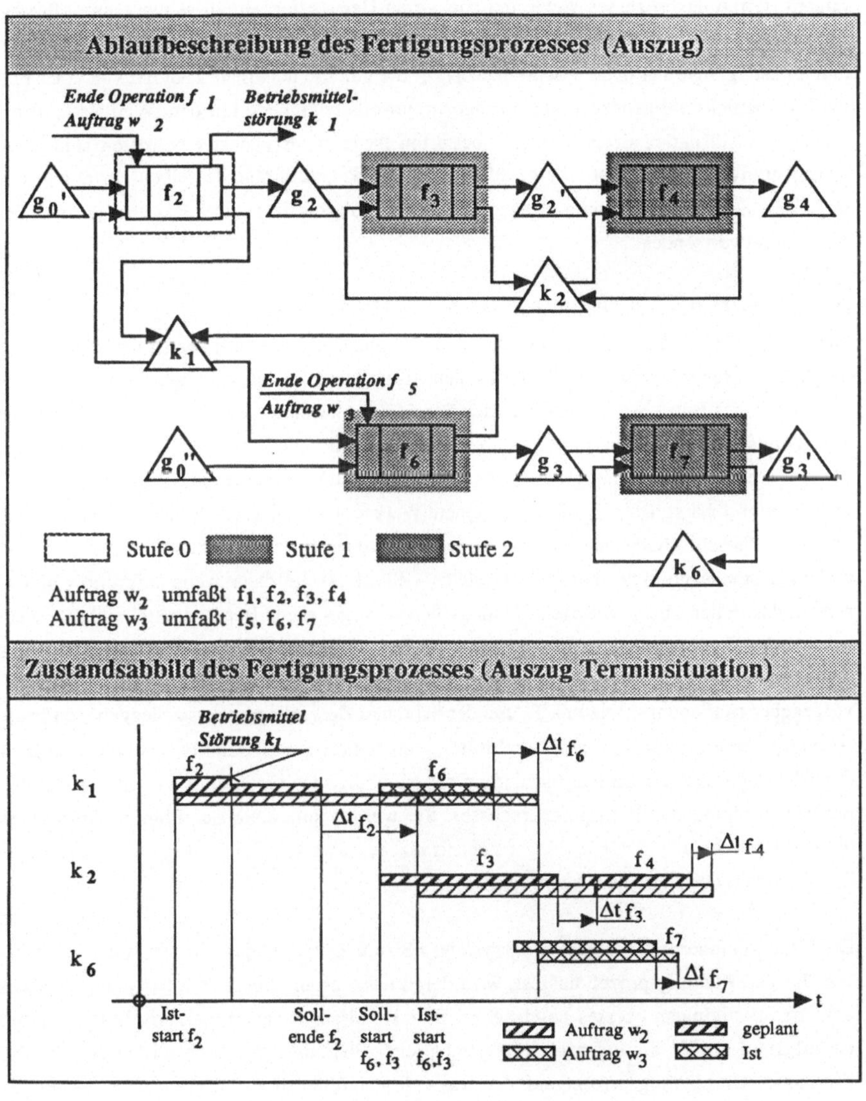

Bild 28: Auswirkung einer Betriebsmittelstörung auf die Durchführung der eingeplanten Werkstattaufträge bis zur Planungsstufe $Z_{MAX} = 2$

Die Anzahl der zu betrachtenden Folgeaufträge ergibt sich aus der Komplexität des zugehörenden Fertigungsprozesses sowie der Menge an Betriebsmitteln zu seiner Durchführung. Eine Begrenzung dieser Anzahl erfolgt durch Verkürzung des Planungshorizonts T_p, sowie durch Festlegung einer oberen Schranke Z_{MAX}. Sie gibt die maximale Zahl der von einer Planung zu berücksichtigenden Folgeaufträge an, jeweils beginnend mit dem Werkstattauftrag, der vom auslösenden Ereignis direkt betroffen ist oder als nächster betroffen sein wird. Z_{MAX} umfaßt dabei sowohl die nachfolgenden Werkstattaufträge desselben Fertigungsauftrags wie auch alle Werkstattaufträge anderer Fertigungsaufträge, die dasselbe gestörte Betriebsmittel verwenden.

Die zeitliche Optimierung des Planungsverfahrens ist direkt abhängig von der Ausprägung der Planungsparameter Termin und Kapazität. Die Einplanung eines Auftrags ist um so schneller möglich, je größer der zeitliche Puffer für den Auftrag und die Auswahl zu seiner Ausführung einzusetzender Betriebsmittel ist. Für den Bereich der kurzfristigen Planung sind deshalb je Fertigungs- und Werkstattauftrag zeitliche Toleranzbereiche vorgegeben, die dem Planungsverfahren vollständig zur Umplanung zur Verfügung stehen. Die Zuordnung von alternativ einsetzbaren Betriebsmitteln zu einem Werkstattauftrag geschieht auf der Basis der in der Ablaufbeschreibung des Fertigungsprozesses gespeicherten Alternativen und dem aktuellen Zustandsabbild des Fertigungssystems – allerdings nur dann, wenn aufgrund von Störungen das in den übergeordneten Planungsebenen vorgegebene Betriebsmittel nicht verwendet werden kann und der Anfangszeitpunkt für die Bearbeitung des Werkstattauftrags unmittelbar ansteht. Es werden außerdem nur die Aufträge berücksichtigt, die innerhalb des vorgegebenen Planungshorizonts T_p und der Schranke Z_{MAX} liegen. Ausschlaggebend für die Auswahl der Betriebsmittel zur Durchführung einer Fertigungsoperation sind die Entscheidungsbedingungen der Eingangssteuerung des zugehörenden Operationsknotens aus der Ablaufbeschreibung des Fertigungsprozesses. Sie werden innerhalb des Planungsverfahrens durch einen schnellen Entscheidungsmechanismus ausgewertet, gleichzeitig wird die zeitliche Verfügbarkeit des Betriebsmittels geprüft.

Die Situation innerhalb des Fertigungssystems FS zum Zeitpunkt des Auftretens des Ereignisses, das den Planungsprozeß auslöst, wird durch das Zustandsabbild des Fertigungssystems bzw. des Fertigungsprozesses beschrieben. Eine simultane Planung mehrerer Betriebsmittel ist aufgrund der Forderung nach kürzestmöglicher Planungsdauer nicht durchführbar. Die Ein- bzw. Umplanung erfolgt auf der Basis des Hauptbetriebsmittels (in der Regel die ausführende Maschine). Für die Ausführung zusätzlich notwendige Betriebsmittel bzw. deren

Alternativen werden zum Startzeitpunkt ihres Einsatzes hinsichtlich ihrer Verfügbarkeit überprüft.

6.1.2 Ereignisorientierte Steuerung

Änderungen des Zustands von Fertigungselementen g, k, f und w in der Ausführungsebene sind Ereignisse, die in Form einer ereignisbezogenen Meldung an die flexible Fertigungsführung übertragen werden. Sie beschreiben, je nach Elementtyp unter anderem den Fertigungsfortschritt von Aufträgen oder Operationen, den Betriebszustand von Betriebsmitteln bzw. deren Belegungssituation oder den Ort und Zustand von Werkstücken. In der Regel treten sie stochastisch verteilt, abhängig von Prozeßvorgängen innerhalb der Ausführungsebene auf und können terminlich nur unter Berücksichtigung entsprechender Toleranzen vorhergesagt werden. Im folgenden werden sie deshalb auch als Prozeßereignisse bezeichnet.

Innerhalb der organisatorischen und technischen Planungsebenen oder der Fertigungsleitung werden für Fertigungsaktionen und -operationen genaue terminliche Vorgaben für deren Ausführung gemacht. Diese Plantermine können bis zu ihrem zeitlichen Eintreffen ständig geändert werden. Deshalb ist ihre Überwachung innerhalb der flexbiblen Fertigungsführung notwendig. Das Erreichen eines Plantermines wird im folgenden als Planungsereignis behandelt, das innerhalb der flexiblen Fertigungsführung ausgelöst und bearbeitet wird. Bild 29 gibt eine Übersicht der möglichen Plantermine bzw. der zugehörenden Planungsereignisse.

Für eine ereignisorientierte Steuerung sind somit die folgenden Ereignistypen relevant:

- Planungsereignisse
  * terminierte, auftragsbezogene Ereignisse
  * terminierte, betriebsmittelbezogene Ereignisse
  * terminierte, auftrags- und betriebsmittelbezogene Ereignisse

- Prozeßereignisse
  * stochastische, auftragsbezogene Ereignisse
  * stochastische, betriebsmittelbezogene Ereignisse
  * stochastische, auftrags- und betriebsmittelbezogene Ereignisse.

Sie führen – entsprechend ihrem Typ – zu völlig verschiedenen Reaktionen und Maßnahmen der Steuerung. Handelt es sich beispielsweise um Prozeßereignisse, die den Fertigungsstatus, ordnungsgemäß abgeschlossener Fertigungsoperationen dokumentieren, so ist von der Steuerung nur die Aktualisierung des Zustandsabbilds von Fertigungsprozeß oder -system und der

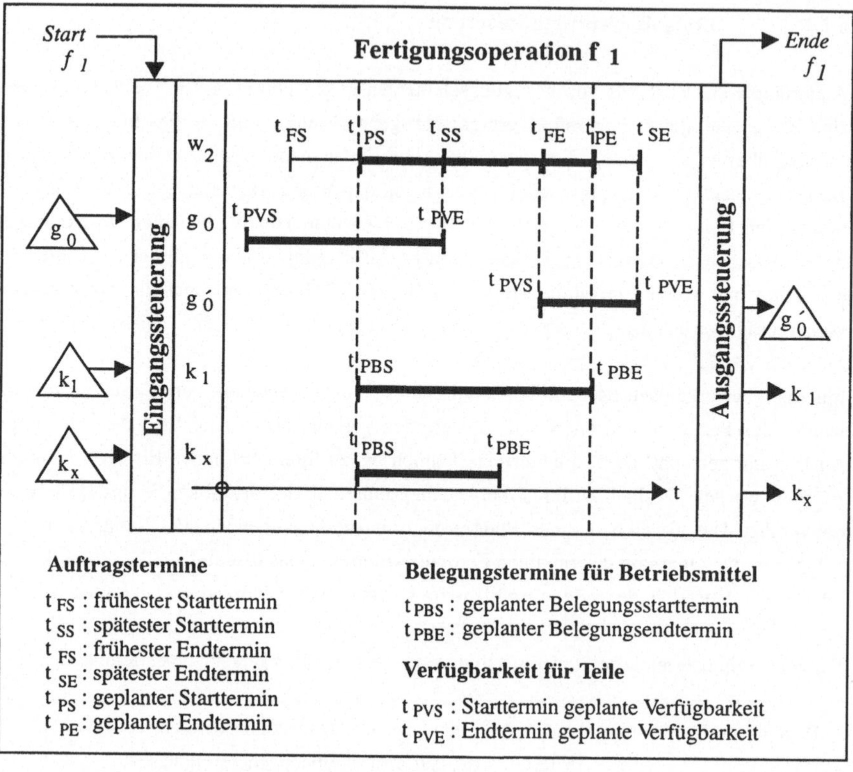

Auftragstermine

t_{FS} : frühester Starttermin
t_{SS} : spätester Starttermin
t_{FS} : frühester Endtermin
t_{SE} : spätester Endtermin
t_{PS} : geplanter Starttermin
t_{PE} : geplanter Endtermin

Belegungstermine für Betriebsmittel

t_{PBS} : geplanter Belegungsstarttermin
t_{PBE} : geplanter Belegungsendtermin

Verfügbarkeit für Teile

t_{PVS} : Starttermin geplante Verfügbarkeit
t_{PVE} : Endtermin geplante Verfügbarkeit

Bild 29:   Plantermine eines Auftrages

Start von Folgeoperationen auszuführen. Betreffen die Prozeßereignisse jedoch Nichtverfügbarkeiten bzw. Störungen von Betriebsmitteln für einen Zeitraum oder einen bestimmten Zeitpunkt, so sind Maßnahmen zu ergreifen, die zur Behebung dieser Störung oder zumindest zur Reduzierung ihrer Auswirkungen beitragen. Da davon auch nachfolgende Fertigungsoperationen betroffen sein können, muß der Fertigungsablauf in seiner zeitlichen oder technologischen Reihenfolge geändert werden. Bild 30 gibt eine Übersicht über die möglichen Störungsarten.

Störungsarten			Auswirkungen
STÖRUNG	Teil	* Fehlteile * Ausschußteile * Nacharbeit	* Warten aller Folgeoperationen des zugehörenden Fertigungs- oder Werkstattauftrages * Warten aller Fertigungsoperationen, die das betreffende Teil benötigen
	Betriebs-mittel	* Maschinenstörung * Transportstörung * Maschine belegt	* Warten aller Folgeoperationen des aktuell bearbeiteten Fertigungs- oder Werkstattauftrags auf anderen Betriebsmitteln * Warten aller Fertigungsoperationen, die das gestörte Betriebsmittel verwenden
	Fertigungs-hilfsmittel	* fehlende Vorrichtung * Werkzeugbruch * fehlende Förderhilfsmittel * Vorrichtung belegt	* Warten aller Folgeoperationen, des aktuell bearbeiteten Fertigungs- oder Werkstattauftrags * Warten aller Fertigunsoperationen, die das gestörte Fertigungshilfsmittel verwenden

Bild 30:   Störungsarten und ihre Auswirkungen

Abhängig von Typ, Ausprägung und Bedeutung einer Störung ist die Grenze zwischen dem Aufgabenbereich der ereignisorientierten Steuerung und einer Planung zu definieren. Störungen können entweder direkt beim Eintreten des Störungsereignisses eine Neuplanung oder Umplanung auslösen (z.B. Ausfall einer Engpaßmaschine) oder es sind Toleranzbereiche für die Störung angebbar, so daß eine Planung erst bei Überschreitung dieses Toleranzbereichs angestoßen wird (z.B. geringe zeitliche Verschiebung einer Fertigungsoperation bezogen auf den geplanten Startzeitpunkt). Für die Festlegung dieses Toleranzbereichs ist die Bestimmung der zeitlichen Parameter für die vorgegebene Störungsart notwendig, die als Kenngrößen für die Auswirkung und Bedeutung des Störungsereignisses seine Klassifizierung zulassen.

6.2   Alternative Methoden zur Ereignisbearbeitung

Alle Methoden zur Ereignisbearbeitung innerhalb der flexiblen Fertigungsführung dienen der Durchführung von Fertigungsoperationen entsprechend den Vorgaben einer übergeordneten

Planungsebene. Durch prozeß- oder systembedingte Einflüsse ergeben sich jedoch terminliche Verschiebungen oder Engpässe bei den benötigten Betriebsmitteln und Materialien, die nur durch kurzfristige Entscheidungen bezüglich der Anwendung alternativer Ressourcen und Abläufe sowie deren terminliche Einordnung innerhalb der Planvorgabe zu bearbeiten sind. Dabei steht die Forderung nach kurzen Reaktionszeiten der zum Einsatz kommenden Methoden im Vordergrund. Besteht die Methode der Ereignisbearbeitung ausschließlich in dem Auslösen einer einzelnen Fertigungsoperation (z.B. Planstart einer Fertigungsoperation), so stellt diese zeitliche Restriktion keine besondere Schwierigkeit dar. Sind jedoch verschiedene Fertigungsoperationen von der Methode betroffen (Umplanen aufgrund gestörter Engpaßmaschinen), muß der zeitliche Rahmen für die Durchführung der Methode bei ihrer Definition berücksichtigt werden.

6.2.1 Auslösen einer Fertigungsoperation

Alle zur Beschreibung und Ausführung einer Fertigungsoperation notwendigen Informationen sind entweder in der Ablaufbeschreibung des Fertigungsprozesses oder im Zustandsabbild von Fertigungssystem bzw. - prozeß enthalten. Sie wurden im Rahmen der technischen Planung (Arbeitsvorbereitung) teilespezifisch einmalig erstellt, für einen auszuführenden Auftrag von der übergeordneten Planung neu generiert oder ereignisorientiert von der Ausführungsebene an die flexible Fertigungsführung gemeldet. Der Inhalt dieser Informationen erstreckt sich von der Auskunft über die Position der Fertigungsoperation innerhalb des Fertigungsprozesses, möglicher Alternativen bezüglich zu verwendender Materialien und Betriebsmittel, der terminlichen und ressourcebezogenen Einplanung der Fertigungsoperation bis hin zur Statusbeschreibung von Betriebsmitteln und Fertigungsoperationen innerhalb des Fertigungssystems.

Das Auslösen einer Fertigungsoperation ist gebunden an das Eintreffen bestimmter terminlicher oder zustandsabhängiger Vorgaben. Dies kann entweder das Erreichen des Planstarttermins einer Fertigungsoperation sein oder ein vorgegebener Zustand verschiedener Betriebsmittel, Aufträge und Operationen. Zu unterscheiden ist deshalb:

- das termingesteuerte Auslösen einer Fertigungsoperation
- das zustandsgesteuerte Auslösen einer Fertigungsoperation.

Informationen aus		
Ablaufbeschreibung des Fertigungsprozesses	**Werkstattauftrag der übergeordneten Planungsinstanz**	**Zustandsabbild des Fertigungssystems bzw. -prozesses**
• alternativ einzusetzende Betriebsmittel	• zugehöriger Werkstattauftrag	• Status Betriebsmittel
• alternativ einzusetzende Materialien	• geplanter Starttemin	• Status Werkstattaufträge
• alternative Vorgänge einer Fertigungs - operation	• geplanter Endtermin	• Status Fertigungsoperation
• alternative Nachfolger einer Fertigungs- operation	• zeitlicher Puffer	
• Startbedingung einer Fertigungsoperation	• eingeplante Betriebs- mittel	
• Auswahlbedingung alternativer Betriebs- mittel und Materialien	• eingeplantes Material	
• Verteilbedingung resul- tierender Betriebsmittel und Materialien	• geplanter Vorgänger der Fertigungsoperation	
	• geplanter Nachfolger der Fertigungsoperation	

Bild 31:   Informationen zur Beschreibung und Ausführung einer Fertigungsoperation

Beim termingesteuerten Auslösen erfolgt der Anstoß über das Eintreten eines Planungsereignisses, dessen Termin identisch ist mit dem Planstarttermin des zugehörigen Werkstattauftrags. Aus der Beschreibung des Werkstattauftrags wird die auszulösende Fertigungsoperation ermittelt. Da in diesem Fall keine weiteren Vorgaben zu berücksichtigen sind, bzw. bei der Auswahl dieser Bearbeitungsmethode schon berücksichtigt wurden, kann die Operation direkt ausgelöst werden. Als Maßnahmen dazu generiert die flexible Fertigungsführung Startmeldungen an die zur Durchführung der Fertigungsoperation eingeplanten Betriebsmittel.

Der Anstoß für das zustandsgesteuerte Auslösen einer Fertigungsoperation ist in jedem Fall das Eintreffen eines Prozeßereignisses, das die Zustandsänderung eines Betriebsmittels, Auftrags oder einer Fertigungsoperation dokumentiert. Entspricht der damit innerhalb eines Fertigungssystems erreichte Zustand den Vorgaben, die in der Ablaufbeschreibung als Startbedingung dieser Fertigungsoperation enthalten sind, so wird von der flexiblen Fertigungsführung eine Startmeldung an die ausführenden Betriebsmittel erzeugt. Im einfachsten Fall kann die Startbedingung das Freiwerden einer Maschine oder das Bearbeitungsende der vorhergehenden Fertigungsoperation beinhalten. Da die Möglichkeiten für eine Zustandsbeschreibung innerhalb der Startbedingung bei komplexen Fertigungssystemen und -prozessen sehr vielschichtig sein können, muß die Beschreibungsform der Bedingung flexibel angelegt sein. Die Auswertung einer Startbedingung führt zu jedem Zeitpunkt zu einer eindeutigen Entscheidung, ob die Fertigungsoperation ausgelöst werden soll oder ob nicht. Deshalb liegt einer Formulierung der Startbedingung als binärer Term mit der Lösungsmenge "TRUE" (Startbedingung erfüllt, Fertigungsoperation kann ausgelöst werden) und "FALSE" (Startbedingung nicht erfüllt, Fertigungsoperation kann nicht ausgelöst werden) nahe. Als Operanden des Terms können beliebige Zustände von Betriebsmitteln, Aufträgen, Fertigungsaktionen und -operationen abgefragt werden. Dazu ist der Vergleich des aktuellen Zustandswertes aus dem Zustandsabbild von Fertigungssystem bzw. -prozeß mit einem fest vorgegebenen konstanten Wert durchzuführen. In der Regel handelt es sich hierbei um Statuswerte (z.B. "Maschine belegt", "Operation beendet"), es können aber auch analoge Zählgrößen (z.B. Fertigungsstückzahl) für den Vergleich herangezogen werden. Bild 32 zeigt die zugelassenen Vergleichsoperationen und den Aufbau des Ausdrucks, wobei die Klammersymbole "[" und "]" als Trennungszeichen verwendet werden. Das Ergebnis des Vergleichsausdrucks hat als Lösungsmenge den Wert "TRUE" oder "FALSE" und entspricht dem Wert des zugehörigen binären Operanden.

Vergleichs- operatoren	Aufbau des Vergleichsausdrucks
$>$	$[\,A(t) > B\,]$ mit: $A(t) \in R$
$\geq$	$[\,A(t) \geq B\,]$ $B \in R$
$=$	$[\,S_k(t) = C\,]$ $C \in \{ s_k(t)\ \text{für}\ 0 < t < \infty \}$
$\leq$	$[\,A(t) \leq B\,]$
$<$	$[\,A(t) < B\,]$

Bild 32:   Aufbau und Operatoren des Vergleichsausdrucks

Die Startbedingung zum Auslösen einer Fertigungsoperation ergibt sich damit aus der Verknüpfung binärer Operanden, entsprechend den Regeln der Booleschen Algebra. Als Operatoren sind

- die Konjunktion $\wedge$,
- die Disjunktion $\vee$ und
- die Negation $\neg$

zugelassen. Die Abarbeitungsreihenfolge wird durch eine Rangreihenfolge innerhalb dieser Operatoren vorgegeben. Zunächst ist die Negation zu bearbeiten, danach die Konjunktion und zuletzt die Disjunktion /74/. Für die Zusammenfassung verschiedener Operanden und Operatoren zu einem übergeordneten Term sind die Klammersymbole "(" sowie ")" zu setzen.

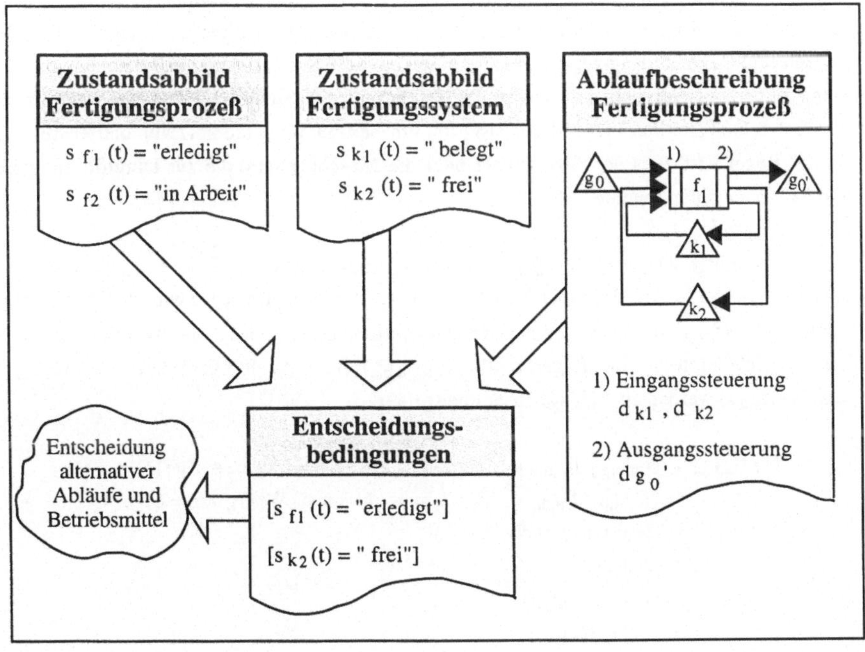

Bild 33:   Startbedingung einer Fertigungsoperation

6.2.2 Partielle Umplanung mehrerer Fertigungsoperationen

Der Anstoß einer partiellen Umplanung mehrerer Fertigungsoperationen erfolgt zustandsorientiert aufgrund von Planungs- oder Prozeßereignissen, die ein Abweichen der Fertigungssituation von Planungsvorgaben anzeigen. Kann beispielsweise eine Fertigungsoperation trotz Erreichen ihres spätesten Starttermins t_{SS} nicht ausgelöst werden, oder ist ein Betriebsmittel vorübergehend gestört, das bei einer auszulösenden Fertigungsoperation benötigt wird, so können im Rahmen einer partiellen Umplanung die Starttermine der nachfolgenden Operationen entsprechend geändert werden. Zu beachten ist dabei, daß die Anzahl der von dieser Maßnahme betroffenen Nachfolgeoperationen bei komplexen Fertigungsprozessen oder hoher Betriebsmittelauslastung sehr schnell ansteigt. Für die Durchführung einer partiellen Umplanung innerhalb der flexiblen Fertigungsführung bedeutet das, die Anzahl der umzuplanenden Fertigungsoperationen, aufgrund der Forderung nach kurzer Reaktionszeit, zu begrenzen. Dazu wurde in Kapitel 6.1.1 die Schranke Z_{MAX} zur Festlegung einer maximal zu durchlaufenden Stufenzahl abhängiger Folgeoperationen eingeführt. Hinsichtlich der bei einer Umplanung zu berücksichtigenden Betriebsmittel erfolgt aus dem gleichen Grund eine Begrenzung des Betrachtungsraums auf ein Betriebsmittel pro Fertigungsoperation (Hauptbetriebsmittel). In der Regel wird dies der Arbeitsplatz oder die Maschine sein, die zur Durchführung der Operation eingeplant wurde.

Zur Bestimmung der Nachfolgeoperation einer Fertigungsoperation $f_{a,b,c} \in F_{FS}$ mit $a \in N$, $b \in W_{FS}(t)$, $c \in K_{FS}$, desselben Fertigungs- bzw. Werkstattauftrags b wird die Nachfolgerfunktion $N_W(f_{a,b,c})$ definiert. Die Nachfolgeoperation von $f_{a,b,c}$ auf demselben Betriebsmittel c ergibt sich durch die Nachfolgerfunktion $N_K(f_{a,b,c})$. Beide Nachfolgerfunktionen $N_W(f_{a,b,c})$ und $N_K(f_{a,b,c})$ werden zu $N(f_{a,b,c})$ zusammengefaßt.

$$N_W(f_{a,b,c}) = \{ f_{m,n,p}\,;\ f_{m,n,p} \in F_{FS} \wedge m = a+1 \wedge n = b \wedge p \in K_{FS} \}$$

$$N_K(f_{a,b,c}) = \{ f_{m,n,p}\,;\ f_{m,n,p} \in F_{FS} \wedge m \in N \wedge n \in W_{FS}(t) \wedge p = c \}$$

$$N(f_{a,b,c}) = \{ N_W(f_{a,b,c}) \cup N_K(f_{a,b,c}) \}$$

$$\text{mit}: \quad a,m \in N$$
$$b,n \in W_{FS}(t)$$
$$c,p \in K_{FS}$$

Damit ergibt sich die Menge aller Nachfolgeroperationen der Fertigungsoperation $f_{a,b,c}$, die in Z Übergängen zu erreichen sind und entweder zu demselben Fertigungs- bzw. Werk-

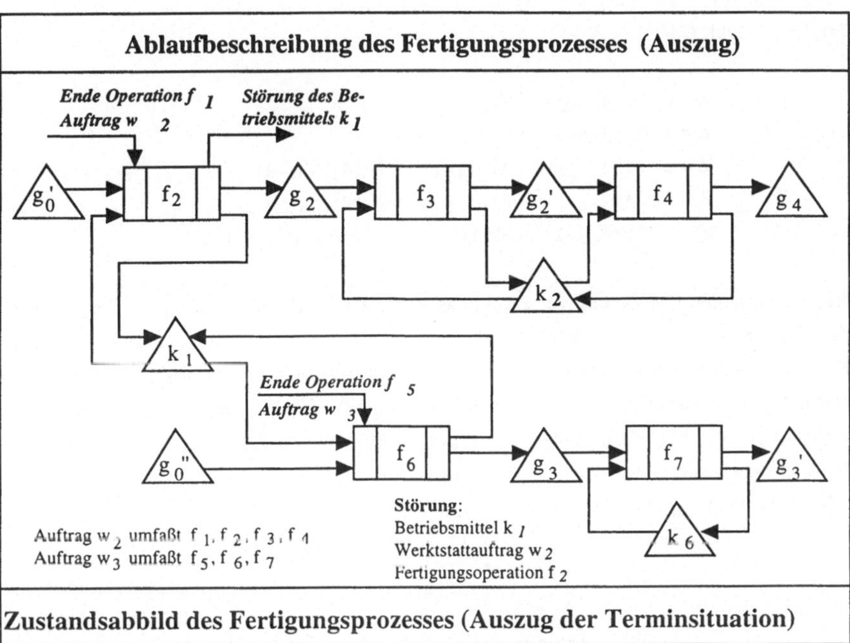

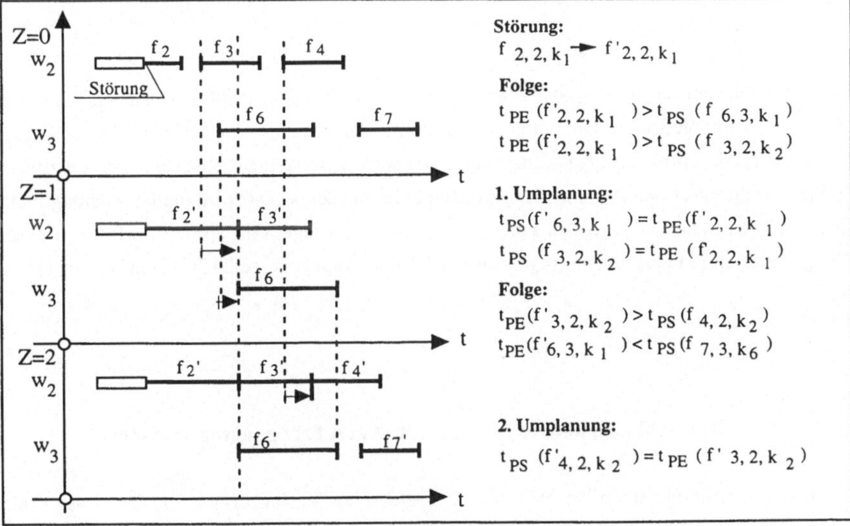

Bild 34:   Ablauf einer partiellen Umplanung aufgrund einer Betriebsmittelstörung

stattauftrag b gehören oder auf demselben Betriebsmittel c bearbeitet werden, als $M_Z(f_{a,b,c})$ für die gilt (vgl. /74/):

$$Z = 0 : M_0(f_{a,b,c}) = f_{a,b,c}$$
$$Z = 1 : M_1(f_{a,b,c}) = \{f_{a,b,c} \cup N(f_{a,b,c})\}$$
$$Z = 2 : M_2(f_{a,b,c}) = \{M_1(f_{a,b,c}) \cup N(M_1(f_{a,b,c}))\}$$
$$Z = 3 : M_3(f_{a,b,c}) = \{M_2(f_{a,b,c}) \cup N(M_2(f_{a,b,c}))\}$$
$$Z \quad : M_Z(f_{a,b,c}) = \{M_{Z-1}(f_{a,b,c}) \cup N(M_{Z-1}(f_{a,b,c}))\} \ .$$

Bei der partiellen Umplanung verursacht das Auslösen der Startoperation $f_{a,b,c}$ die Änderung der Planstarttermine aller Nachfolgeroperationen bis zu der Nachfolgestufe Z. Bei dieser Stufe verursachen die vorwärtsterminierten Fertigungsoperationen $M_{Z-1}(f_{a,b,c})$ der Stufe Z-1 erstmalig keine Verschiebung der Planstarttermine t_{PS} der Nachfolgeroperationen aus Stufe Z. Beschreibt man die Menge der Nachfolgeoperationen von $f_{a,b,c}$, die in der Stufe Z-1 berücksichtigt werden müssen, als $M_{Z-1}(f_{a,b,c})$, so gilt damit als Kriterium zur Vorwärtsterminierung von $f_{m,n,p}$ die Bedingung

$$t_{PE}(f_{x,y,z}) > t_{PS}(f_{m,n,p})$$

$$\text{mit}: \quad f_{m,n,p} \in N(f_{x,y,z}) \wedge f_{m,n,p} \in M_{Z-1}(f_{a,b,c}).$$

Der Planstarttermin $t_{PS}(f_{m,n,p})$ der Nachfolgeroperation $f_{x,y,z}$ wird auf den Planendtermin $t_{PE}(f_{x,y,z})$ der vorhergehenden Operation $f_{x,y,z}$ gesetzt. Geschieht dies in der Stufe Z-1, so ist die Vorwärtsterminierung von $f_{a,b,c}$ insgesamt beendet. Übersteigt die Anzahl der umzuplanenden Nachfolgestufen Z-1 eine vorgegebene Schranke Z_{MAX}, so wird die Umplanung nicht mehr in der Ebene der flexiblen Fertigungsführung durchgeführt, sondern erfolgt in einer übergeordneten Planungsebene (organisatorische Planungsebenen oder Fertigungsleitung).

6.2.3 Auswahl alternativer Betriebsmittel und Fertigungsoperationen

Kann eine Fertigungsoperation aufgrund der fehlenden Verfügbarkeit von Betriebsmitteln nicht gestartet werden, so ist als zusätzliche Bearbeitungsmethode innerhalb der flexiblen Fertigungsführung die Auswahl eines alternativen Betriebsmittels oder der Übergang zu einem geänderten Fertigungsablauf vorgesehen. Diese Methode wird als Ergänzung zur partiellen Umplanung oder zum Auslösen einer Fertigungsoperation (Kap. 6.2.1 und 6.2.2) angewendet und somit zustands- bzw. terminorientiert angestoßen. Basis der Auswahl sind die während der Planung des Fertigungs- bzw. Werkstattauftrags belegten Betriebsmittel und Teile $U_{WFS}(t)$, sowie alle in der Ablaufbeschreibung des Fertigungsprozesses enthaltenen Alternativen hinsichtlich zu verwendender Betriebsmittel und Nachfolgeoperationen.

Zur Bestimmung der alternativen Betriebsmittelmenge K' des eingeplanten Betriebsmittels k_i einer Fertigungsoperation $f_i \in F_{FS}$ wird die Alternativfunktion $ALT_K(k_i,f_i)$ eingeführt. Es gilt:

$$ALT_K(k_i,f_i) = \{(k_j,r_j,d_{kj},m_j) \, ; \, k_j \in K' \ \wedge r_j \in N \wedge d_{kj} \in D_K \wedge m_j \in N\}$$

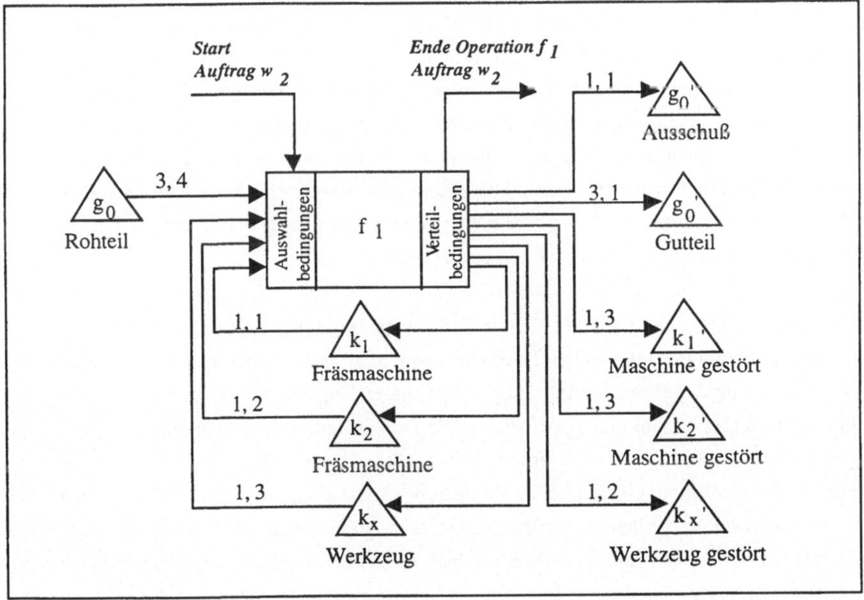

Bild 35:   Betriebsmittel-Alternativen

Als Resultat liefert $ALT_K(k_i,f_i)$ zu jeder Betriebsmittelalternative $k_j \in K'$ die benötigte Menge m_j dieses Betriebsmittels, die zugehörige Auswahlbedingung d_{kj} sowie seinen Rang r_j. Die

Auswertung der Bedingung d_{kj} muß zu jedem Zeitpunkt zu einer eindeutigen Entscheidung führen, ob das Betriebsmittel verwendet werden kann oder nicht. Deshalb wird – wie bei der Startbedingung aus Kapitel 6.2.1 – eine Formulierung der Auswahlbedingung als binärer Term vorgenommen. Die Operanden und Operatoren des Terms entsprechen denen der Startbedingung. Ergibt sich bei der Auswertung der verschiedenen Auswahlbedingungen d_{kj} $\in D_K$, daß mehrere Alternativbetriebsmittel eingesetzt werden können, so erfolgt die Auswahl mit Hilfe des Rangs r_j.

Zur Bestimmung der alternativen Fertigungsoperation $f_j \in F'$ zu f_i wird die Alternativfunktion $ALT_F(f_i)$ verwendet, für die gilt:

$$ALT_F(f_i) = \{(f_j, r_j, d_{fj}, d_{ffj}, m_j) \; ; \; f_j \in F' \wedge r_j \in N \wedge d_{fj} \in D_F \wedge d_{ffj} \in D_{FF} \wedge m_j \in N\}$$

Zu jeder alternativ durchführbaren Fertigungsoperation f_j wird im Rahmen von $ALT_F(f_i)$ die zugehörende ablaufabhängige Auswahlbedingung d_{ffj} sowie deren Startbedingung d_{fj} ermittelt. Die Rangangabe r_j bezieht sich ebenfalls auf eine Reihenfolgebildung zur eindeutigen Festlegung der Nachfolgeoperation bei mehreren Alternativoperationen mit erfüllter Auswahl- und Startbedingung d_{ffj} bzw. d_{fj}. Durch die Mengenabgabe m_j ist eine Unterscheidung des Teileverbrauchs bzw. der Anzahl einzusetzender Betriebsmittel je Alternative möglich. Wie in Bild 36 dargestellt, kann eine eingeplante Sequenz von Fertigungsoperationen f_1/f_2 auch durch eine einzelne Operation f_{10} ersetzt werden.

Ebenso ist es möglich, nachzuarbeitende Teile eines Fertigungsauftrags in einer vom geplanten Fertigungsablauf entkoppelten Nacharbeitsequenz zu bearbeiten und zu kontrollieren. Die Startbedingung der ersten Fertigungsoperation dieser Sequenz beinhaltet als Entscheidungskriterium in diesem Fall den Teilezustand. Die Durchführung der Nacharbeitssequenz ist dadurch völlig unabhängig vom Bearbeitungsprozeß der übrigen Teile des Fertigungsauftrags, eine Zusammenführung ist jedoch im Rahmen der Startbedingung einer nachfolgenden Fertigungsoperation des geplanten Fertigungsablaufs möglich. Auch die Störung eines Betriebsmittels kann Maßnahmen erforderlich machen, die als feststehende Sequenz von Fertigungsoperationen beschreibbar sind. Dazu gehört beispielsweise das Abrüsten der gestörten Maschine, der Transport aller Teile des zugehörenden Werkstattauftrags zur Kontrolle, der Transport aller Gutteile in das Lager usw. Ziel dieser Abläufe ist zumeist das Erreichen eines definierten Systemzustands, der für das gestörte Betriebsmittel und den betroffenen Fertigungs- bzw. Werkstattauftrag eine sofortige und reibungslose Fortsetzung der laufenden Fertigungsprozesse sicherstellt.

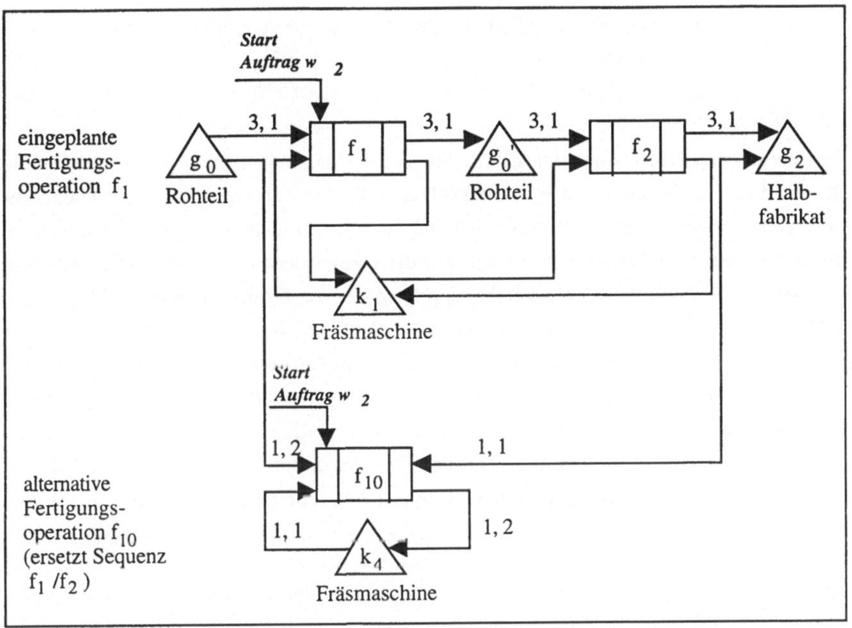

Bild 36: Alternative Fertigungsoperationen

Der Entscheidungsprozeß zur Auswahl alternativer Betriebsmittel und Fertigungsoperationen basiert auf

- der Menge aller Alternativen K' und F',

- der Menge aller Auswahlbedingungen D_K bzw. D_{FF} alternativer Betriebsmittel und Fertigungsoperationen

- die Menge aller Startbedingungen D_F alternativer Fertigungsoperationen,

- der Rangreihenfolge r_j der Alternativen $k_j \in K'$ bzw. $f_j \in F'$ und

- der zustands- und mengenmäßigen Verfügbarkeit der Betriebsmittel-
  alternativen K'
  $$S_{K'}(t) = \{ S_{kj}(t); S_{kj}(t) = \text{"frei"} \wedge k_j \in H_i' \wedge f_i = (p, E_i', H_i') \} \wedge \text{card}(K_j) \geq m_j.$$

bzw. der benötigten Betriebsmittel K_F' aller alternativen Fertigungsoperationen fj $\in$ F'

$$S_{KF'}(t) = \{ S_{kj}(t) \; ; \; S_{kj}(t) = \text{"frei"} \wedge k_j \in H_j \wedge f_i = (p, E_j, H_j) \} \wedge \text{card}(K_j) \geq m_j.$$

In einem ersten Schritt wird zunächst die Menge aller möglichen alternativen Betriebsmittel K' und Fertigungsoperationen F' ermittelt. Durch die Auswertung der zugehörenden Auswahlbedingungen d_{ff} aller alternativen Fertigungsoperationen wird die Auswahl der zu betrachtenden Ablaufvarianten reduziert. Für die verbleibenden Alternativoperationen wird im Anschluß daran eine Verfügbarkeitsprüfung der zu ihrer Durchführung benötigten Betriebsmittel K_F' bzw. deren Alternativbetriebsmittel K' vorgenommen. Die daraus resultierenden Fertigungsoperationen mit verfügbaren Betriebsmitteln werden dann noch hinsichtlich ihrer Startbedingungen d_f untersucht. Nur bei erfüllter Startbedingung kann die Fertigungsoperation ausgelöst werden. Existieren trotzdem noch mehrere mögliche Ablaufalternativen, so werden diese entweder parallel gestartet oder es wird mit Hilfe der Rangreihenfolge eine Reduzierung der Lösungsmenge auf eine auszulösende Alternative durchgeführt.

6.2.4 Neuplanung aller Fertigungsoperationen

Die Neuplanung einer oder mehrerer Fertigungsaufträge durch eine übergeordnete Planungsebene erfolgt immer dann, wenn ein Werkstattauftrag durch die flexible Fertigungsführung nicht durchgeführt werden kann oder ein zentrales Betriebsmittel ausfällt. In beiden Fällen sind die Bearbeitungsmethoden der flexiblen Fertigungsführung auf Wirksamkeit überprüft worden und führen zu keiner Lösung, d.h.

- ein oder mehrere Betriebsmittel sind innerhalb des von der Planung zugelassenen Zeitintervalls nicht verfügbar,
- es sind keine alternativen Betriebsmittel einsetzbar,
- es sind keine alternativen Fertigungsoperationen anwendbar,
- der zeitliche Puffer für die Durchführung des Werkstattauftrags wurde überschritten und
- die partielle Umplanung führt innerhalb von Z_{MAX} Schritten zu keinem Ergebnis.

Die Neuordnung innerhalb einer übergeordneten Planungsebene muß primär auf die Fortsetzung der laufenden Fertigungsprozesse in der Ausführungsebene achten und Totzeiten vermeiden, die durch das Nichtvorhandensein von Planungsvorgaben für einzelne Werkstattaufträge auftreten /95/. Vor jeder Neuplanung eines größeren Planungshorizonts müssen die zeitlich nächsten Werkstattaufträge geplant und für die flexible Fertigungsführung freigegeben werden, d.h. die Aktualisierung des Planungshorizonts erfolgt immer unter Berücksichtigung des Sachverhalts, daß die nächsten Fertigungsoperationen der aktuellen Fertigungs-

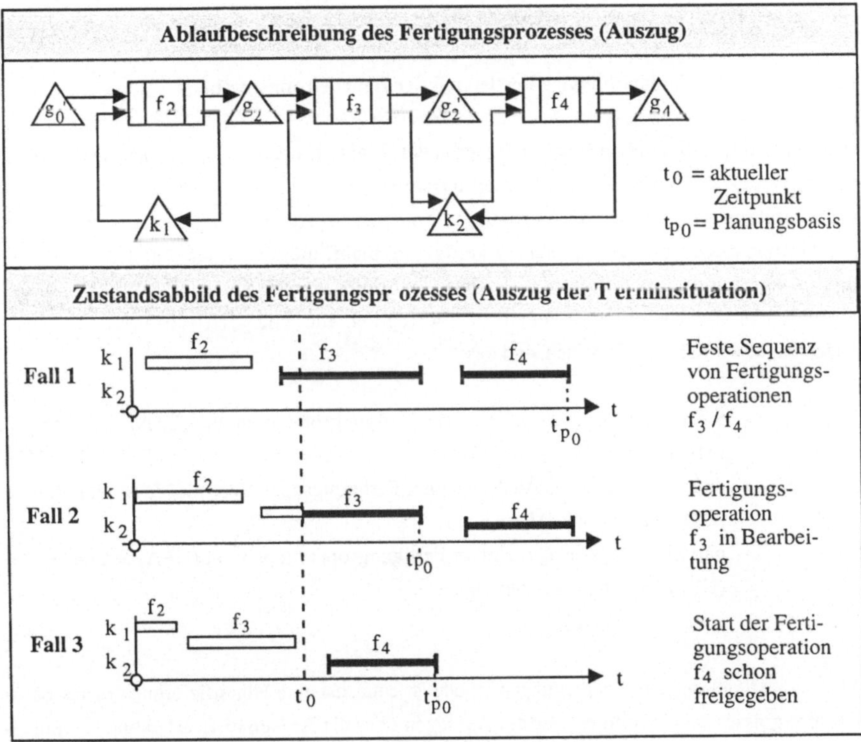

Bild 37:   Bestimmung der Planungsbasis bei Neuplanung

aufträge in der Ausführungsebene zu starten sind /11/. Dazu ist erforderlich, daß die Planungszeit insgesamt durch die Auswahl geeigneter Algorithmen kurz zu halten ist, und als Planungsbasis der Zustand des Fertigungssystems verwendet wird, der zum Zeitpunkt des

Auftretens der Planungsursache im System vorhanden ist. Korrekturen dieses Zustands sind nur dann zu treffen, wenn feste Sequenzen von Fertigungsoperationen (z.B. zum Abrüsten einer gestörten Maschine und anschließendem Transport der Teile ins Lager) zu vorhersehbaren und definierten Zuständen innerhalb des Fertigungssystems führen oder Fertigungsoperationen im Zustand "in Arbeit" sind bzw. der Start ihrer Durchführung unmittelbar bevorsteht. In diesen Fällen wird der erwartete Endzustand nach Durchführung der festen Sequenz von Fertigungsoperationen bzw. nach Beendigung der aktuell in Bearbeitung befindlichen Fertigungsoperation als Planungsbasis verwendet (Bild 37).

6.3 Ereignisabhängige Festlegung der Bearbeitungsmethode

Ausgelöst durch Vorgaben einer übergeordneten Planungsebene oder Zustandsänderungen innerhalb des Fertigungssystems werden terminierte Planungsereignisse oder stochastische Prozeßereignisse an die flexible Fertigungsführung gemeldet. In Abhängigkeit vom Zustand des Fertigungssystems, dem geplanten Fertigungsablauf, möglichen Ablaufalternativen und der Ausprägung des Ereignisses, stehen innerhalb der flexiblen Fertigungsführung verschiedene Bearbeitungsmethoden zur Verfügung, die fallspezifisch ausgewählt und angewendet werden. Im einzelnen sind das:

- termingesteuertes Auslösen einer Fertigungsoperation mit (TSA) und ohne (TS) Auswahl von Alternativen
- zustandsgesteuertes Auslösen einer Fertigungsoperation mit (ZSA) und ohne (ZS) Auswahl von Alternativen
- partielle Umplanung mehrerer Fertigungsoperationen mit (UPA) und ohne (UP) Auswahl von Alternativen
- Neuplanung (NP).

Für die Festlegung einer Bearbeitungsmethode ist zunächst eine Klassifizierung des auslösenden Ereignisses durchzuführen, aus der Aussagen über die Art seiner Bearbeitung zu entnehmen sind. Durch die Umsetzung dieser Aussagen auf den jeweils definierten Anwendungsbereich der einzelnen Bearbeitungsmethoden erfolgt die eindeutige Festlegung der auszuführenden Methode.

6.3.1 Ereignisklassifikation

Der Umfang der Ereignisbeschreibung entsprechend Kapitel 5.1.2 wird zur einfacheren Klassifizierung von Ereignissen durch eine Erweiterung der Ereignisidentifikation und die zusätzliche Berücksichtigung einer Bearbeitungsklasse angepaßt. Die Einführung einer Ereignisklasse ermöglicht die Unterscheidung von verschiedenen Planungs- und Prozessereignisgruppen (z.B. Störung Betriebsmittel, Störung Fertigungsoperation). Durch die zusätzliche Angabe eines Ereignistyps kann innerhalb einer Ereignisklasse ein einzelnes Ereignis spezifiziert werden (z.B. Störung Betriebsmittel Start, Störung Fertigungsoperation Ende). Die Bearbeitungsklasse stellt einen festen Zusammenhang zwischen einem Ereignis, seinem Ur-

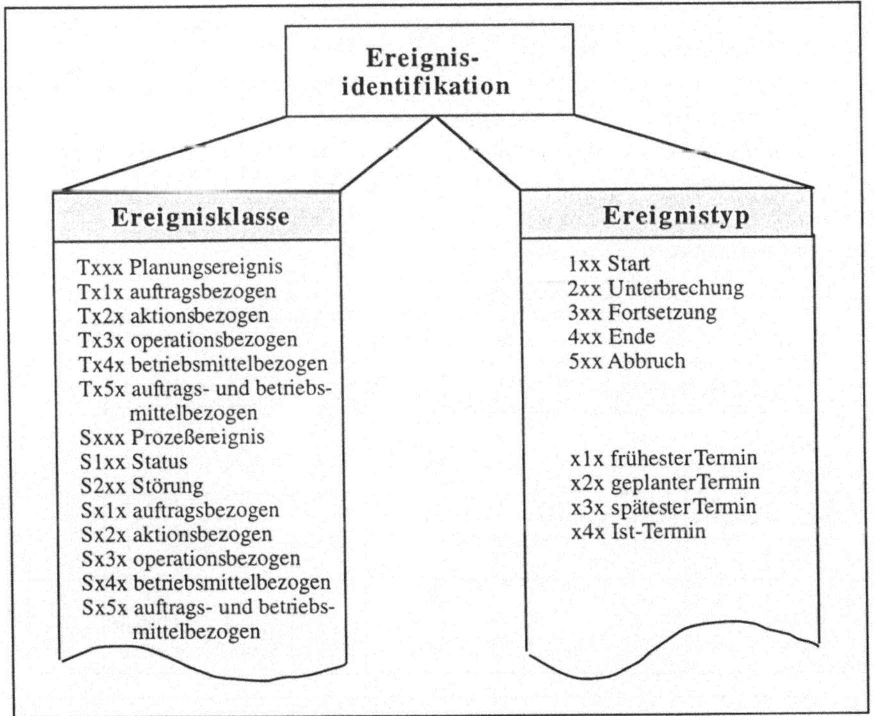

Bild 38: Klassifizierungsschema zur Ereignisidentifikation

sprung, seiner Ausprägung und einer vorgegebenen Bearbeitungsmethode her. Handelt es sich beispielsweise um Ereignisse, die eine Störung von Engpaßbetriebsmitteln oder den Abbruch eines Fertigungsauftrags mit geringem zeitlichem Puffer anzeigen, so kann innerhalb der Bearbeitungsklasse bindend die Neuplanung durch eine übergeordnete Planungsebene als Bearbeitungsmethode vorgeschrieben werden. Erfolgt keine Angabe einer Bearbeitungsklasse, so wird die anzuwendende Methode innerhalb der flexiblen Fertigungsführung auf der Basis von definierten Anwendungsbereichen der einzelnen Methoden festgelegt.

Durch die Vorgabe von Planterminen für einen Auftrag entsprechend Kapitel 6.1.2 ergibt sich für stochastische Prozessereignisse, die zu diesem Auftrag gehören (z.B. Bearbeitungsende Auftrag w_2 auf Maschine k_2), eine zeitliche Zuordnung zu diesen Planterminen, die Auswirkungen auf die anzuwendende Methode zur Ereignisbearbeitung hat. Folgende Terminklassen bezogen auf den Auftrittstermin eines Ereignisses t_E sind dabei zu unterscheiden:

- Terminklasse 1: $t_E < t_{FS}$
- Terminklasse 2: $t_E = t_{FS}$
- Terminklasse 3: $t_{FS} < t_E < t_{PS}$
- Terminklasse 4: $t_E = t_{PS}$
- Terminklasse 5: $t_{PS} < t_E < t_{SS}$
- Terminklasse 6: $t_E = t_{SS}$
- Terminklasse 7: $t_{SS} < t_E < t_{FE}$
- Terminklasse 8: $t_E = t_{FE}$
- Terminklasse 9: $t_{FE} < t_E < t_{PE}$
- Terminklasse 10: $t_E = t_{PE}$
- Terminklasse 11: $t_{PE} < t_E < t_{SE}$
- Terminklasse 12: $t_E = t_{SE}$
- Terminklasse 13: $t_E > t_{SE}$.

Ereignis ·									
Identifikation		**Ursprung**			**Termin**		**Ausprägung**		
Ereignis-klasse	Ereignis-typ	Auftrag	Aktion/Operation	Betriebs-mittel	Termin	Termin-klasse	Attribut	Wert	Bearbei-tungs-klasse
T030	120	w_2	f_2	k_1	t_1	4	-	-	TS
S130	100	w_2	f_2	k_1	r_2	5	"Status"	"in Arbeit"	-
S250	200	w_2	f_2	k_1	t_3	11	"Status"	"gestört"	NP

Bild 39:   Beispiele von Klassifizierungsvektoren verschiedener Ereignisse

Alle Informationen, die zur Beschreibung eines Ereignisses vorhanden sind, werden in Form eines Klassifizierungvektors zusammengefaßt, der als Ausgangspunkt für die folgende Auswahl einer dem Ereignis angepaßten Bearbeitungsmethode Verwendung findet. Bild 39 zeigt eine beispielhafte Darstellung verschiedener Klassifizierungsvektoren.

6.3.2 Entscheidungskriterien und Methodenauswahl

Die Festlegung der Bearbeitungsmethode eines Ereignisses basiert auf einer Analyse des Ereignistyps, der aktuellen Fertigungssituation bei seinem Auftreten, der geplanten Belegung von betroffenen Betriebsmitteln im kurzfristigen Zeitraum sowie der möglichen Alternativen zum geplanten Fertigungsablauf. Dazu werden Informationen aus dem Klassifizierungsvektor des Ereignisses und dem Zustandsabbild des Fertigungssystems bzw. -prozesses verwendet.

- <u>Entscheidungskriterien aus der Ereignisklassifikation</u>
  Für die Bewertung eines Ereignisses sind Typ, Ausprägung und Ursprung zu berücksichtigen, eine terminliche Einordnung hinsichtlich zu erfüllender Planvorgaben kann zusätzlich erfolgen. Zeigt ein Ereignis beispielsweise die Störung eines Betriebsmittels an, so ist dieses Ereignis terminunabhängig sofort zu bearbeiten, d.h. es sind Maßnahmen zur Entsorgung der durch die Betriebsmittel gebundenen Teile bzw. Betriebsmittel einzuleiten. Dagegen ist die Fertigmeldung einer Fertigungsoperation als Ereignis nur in Verbindung mit den Terminvorgaben des zugehörenden Werkstattauftrags zu bewerten.
  Aus dem Ereignistyp und seinem Ursprung lassen sich die vom Ereignis betroffenen Fertigungsoperationen ableiten. Handelt es sich beispielsweise um ein Planungsereignis, so ist nur der im Klassifizierungsvektor enthaltene Werkstattauftrag und die zugehörende Fertigungsoperation betroffen. Bei Prozeßereignissen ist als Ursprung immer ein Betriebsmittel angegeben, zusätzlich kann noch die betroffene Fertigungsoperation im Klassifizierungsvektor enthalten sein. Abhängig vom Ereignistyp ist dann entweder nur die aktuelle Operation aus dem Klassifizierungsvektor betroffen (z.B. Auftragsfortschrittsmeldung von einer Maschine) oder alle Folgeoperationen des zugehörenden Fertigungsauftrags sowie die nächste Fertigungsoperation des Hauptbetriebsmittels, von dem das Ereignis ausgeht (z.B. Fertigmeldung eines Werkstattauftrags auf Maschine).

- <u>Entscheidungskriterien aus dem Zustandsabbild des Fertigungssystems bzw. -prozesses</u>
  Das Auslösen einer Fertigungsoperation ist direkt abhängig von der Verfügbarkeit aller zu seiner Ausführung notwendigen Materialien und Betriebsmittel, die sowohl hinsichtlich

		termingerechtes Auslösen ohne Alternativen (TS)	termingerechtes Auslösen mit Alternativen (TSA)	zustandsgesteuertes Auslösen ohne Alternativen (ZS)	zustandsgesteuertes Auslösen mit Alternativen (ZSA)	partielle Umplanung ohne Alternativen (UP)	partielle Umplanung mit Alternativen (UA)	Neuplanung (NP)
Ereignis-klassifikation	Ereignis-identifikation	X	X	X	X	X	X	X
	Ereignis-ursprung	X	X	X	X	X	X	X
	Ereignis-termin, -klasse	X	X	X	X	X	X	X
	Ereignis-ausprägung	X	X	X	X	X	X	X
Zustandsabbild Fertigungs-system, -prozeß	Teileverfüg-barkeit	X	X	X	X			X
	Betriebs-mittelver-fügbarkeit	X	X	X	X	X	X	X
	aktuelle Operation	X	X	X	X	X	X	X
Ablaufbe-schreibung Fertigungsprozeß	Folge-operation					X	X	
	alternative Operation		X		X		X	
	alternative Betriebsmittel		X		X		X	

Bild 40:   Entscheidungskriterien für die Auswahl der Methode zur Ereignisbearbeitung

des Status wie auch der Menge überprüft werden muß. Nichtverfügbarkeiten führen zu
Neuplanung oder der Suche nach alternativ einzusetzenden Ressourcen und Abläufen.

Basis für alle Entscheidungen hinsichtlich des weiteren Fertigungsablaufs ist der aktuelle
Ausführungsstand aller in Bearbeitung befindlichen Fertigungsoperationen und der
dadurch gebundenen Betriebsmittel. Ein Planungsereignis "Planstarttermin Werkstattauftrag erreicht" führt nur dann zum Auslösen der dazugehörenden Fertigungsoperation,

wenn alle vorhergehenden Operationen des übergeordneten Fertigungsauftrags den Status "beendet" erreicht haben. Dies gilt besonders für Fertigungsoperationen, die hinsichtlich ihrer Durchführung zu synchronisieren sind (z.B. Transportvorgänge zur Bereitstellung bzw. Entsorgung von Material vor Fertigungsbeginn). Sollen alternative Abläufe oder Betriebsmittel zum Einsatz kommen, müssen diese in der Ablaufbeschreibung des Fertigungsprozesses definiert werden. Sind keine Alternativen vorgegeben, wird direkt eine Neuplanung veranlaßt oder es wird im Rahmen einer festen Sequenz von Fertigungsoperationen ein Systemzustand erreicht, der durch manuelle Eingriffe innerhalb der Leitebene oder durch manuelle Bearbeitung weitergeführt werden kann (z.B. Nacharbeit von Schlechtteilen während restliche Werkstücke mit dem Fertigungsauftrag weiterlaufen).

Da die Methodenauswahl auf der Basis einer Analyse dieser Entscheidungskriterien sehr stark vom Anwendungsfall abhängt, muß die Formulierung der zugehörenden Einsatzbedingungen innerhalb der flexiblen Fertigungsführung frei wählbar sein. Zu ihrer Beschreibung wird deshalb – wie in Kapitel 6.2.1 und 6.2.3 – die Form binärer Terme gewählt. Als Operanden werden einerseits binäre Terme, wie z.B. die Auswahl- oder Startbedingungen von Betriebsmitteln und Fertigungsoperationen eingesetzt, andererseits Vergleichsterme mit eindeutig binärer Lösungsmenge für die Material- und Betriebsmittelverfügbarkeit sowie für Statusabfragen verwendet. Damit ergibt sich beispielsweise für das Planungsereignis e_{pi} mit Ursprung k_i und f_i als Einsatzbedingung d_{TS} zum termingesteuerten Auslösen von f_i:

$$d_{TS} = PLAN\_EI \wedge AKT\_FI \wedge VERF\_GI \wedge VERF\_KI \wedge START\_FI$$

mit : e_{pi} ist Planungsereignis: $PLAN\_EI = [e_{pi} = Tx3x1xx]$

       f_i ist nicht gestartet: $AKT\_FI = [S_{fi}(t) = \text{"nicht gestartet"}]$

       g_i ist verfügbar: $VERF\_GI = [card\,(G_i) \geq m_i]$

       k_i ist verfügbar: $VERF\_KI = ([card\,(K_i) \geq m_i] \wedge [S_{ki}(t) = \text{"frei"}])$

       d_{fi} ist erfüllt: $START\_FI = [d_{fi} = \text{"TRUE"}]$.

Sollen zusätzlich mögliche Alternativen hinsichtlich zu verwendender Betriebsmittel K_i' beim Auslösen von e_{pi} berücksichtigt werden, so erhält man für jede Alternative k_i' bzw. k_j' mit $k_i', k_j' \in K'$ und der Auswahlbedingung d_{ki} bzw. d_{kj} die Einsatzbedingung:

$$d_{TSA} = PLAN\_EI \wedge AKT\_FI \wedge VERF\_GI \wedge (VERF\_KI \vee VERF\_KJ) \wedge START\_FI$$

mit : Alternative k_i ist verfügbar: $VERF\_KI = ([card\,(K_i) \geq m_i] \wedge [S_{ki}(t) = \text{"frei"}]$

$$\wedge\ [d_{ki} = \text{"TRUE"}]\,).$$

Alternative k_j ist verfügbar: $VERF\_KJ = ([card\,(K_j) \geq m_j] \wedge [S_{kj}(t) = \text{"frei"}]$

$$\wedge\ [d_{kj} = \text{"TRUE"}]\,).$$

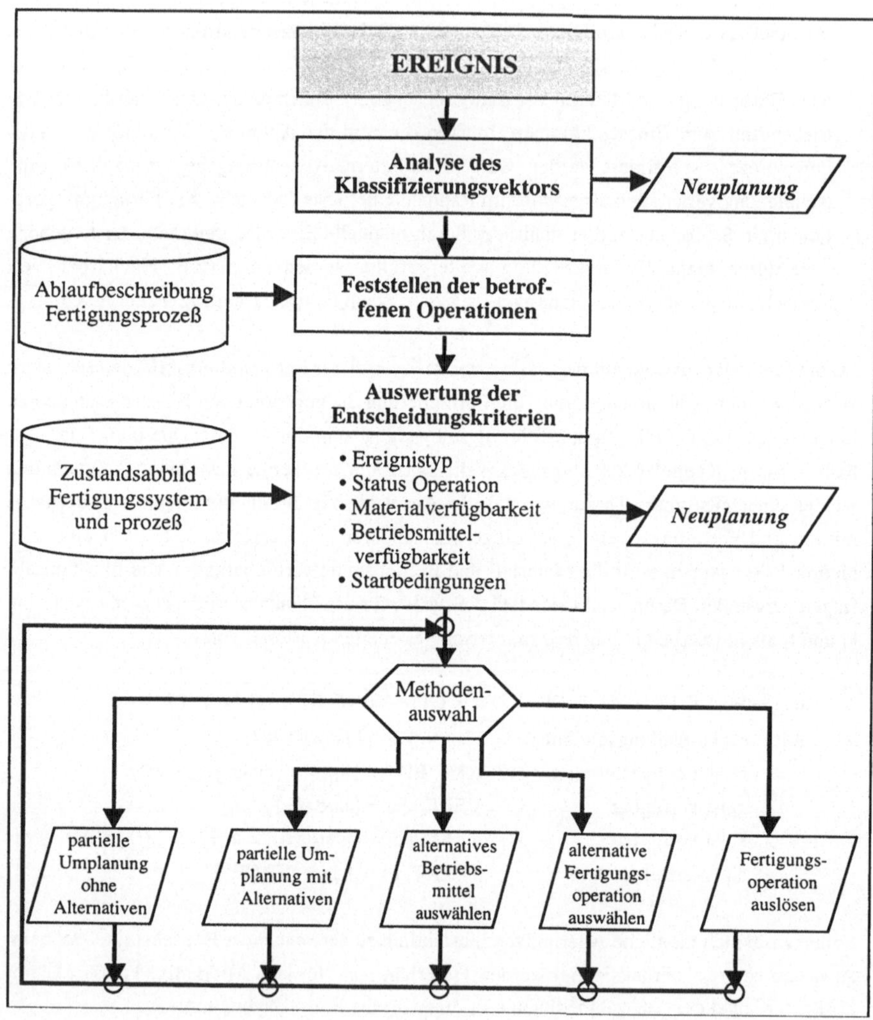

Bild 41:   Auswahl der Methode zur Ereignisbearbeitung (Ablaufdiagramm)

Der Ablauf der Methodenauswahl ist in Bild 41 dargestellt. Er beginnt mit der Aktualisierung des Zustandsabbilds von Fertigungssystem und -prozeß, der Ermittlung aller vom Ereignis betroffenen Fertigungsoperationen sowie der Analyse und Auswertung von Entscheidungskriterien. Alle Operanden der Einsatzbedingungen sind somit bekannt, ihre Auswertung ergibt für die anzuwendende Methode bzw. Methodenkombination den Lösungswert "TRUE". Zu unterscheiden sind folgende Methoden bzw. -kombinationen:

- partielle Umplanung mit Alternativen, Auslösen der nächsten Fertigungsoperation ohne/mit Alternativen hinsichtlich Betriebsmittel und/oder Fertigungsoperationen,

- partielle Umplanung ohne Alternativen, bei Abbruch partielle Umplanung mit Alternativen, Auslösen der nächsten Folgeoperationen ohne/mit Alternativen hinsichtlich Betriebsmittel und/oder Fertigungsoperationen,

- partielle Umplanung ohne Alternativen, Auslösen der nächsten Fertigungsoperation ohne/mit Alternativen hinsichtlich Betriebsmittel und/oder Fertigungsoperationen,

- Auslösen der nächsten Fertigungsoperation ohne/mit Alternativen hinsichtlich Betriebsmittel und/oder Fertigungsoperationen.

Zum Aufbau einer flexiblen Fertigungsführung werden im folgenden – auch im Hinblick auf eine softwaretechnische Realisierung – abgegrenzte Funktionsbausteine definiert, die einzelne Teilaspekte des gesamten Aufgabenumfangs abdecken. Für die Ankopplung der übergeordneten Planungsebene an die flexible Fertigungsführung, sowie die Kommunikation zu den Arbeitsstationen und Betriebsmitteln der Ausführungsebene sind neben dem informationstechnischen Problem der Datenübertragung, Überwachungs- und Verwaltungsaufgaben hinsichtlich der eintreffenden Planungs- und Prozeßereignisse zu bearbeiten, die zu einer Aktualisierung des Zustandsabbild von Fertigungssystem- bzw. -prozeß führen und die Weiterleitung dieser Ereignisse beinhalten. Dazu werden die Funktionsbausteine "Planungs- und Steuerungsdatenmanagement" bzw. "Planungs- und Prozeßmonitor" eingeführt.

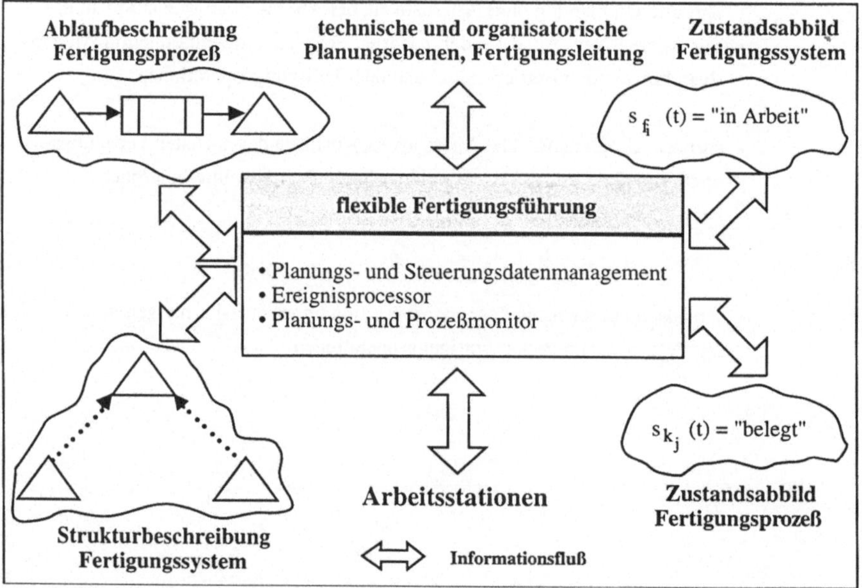

Bild 42:   Funktionsbausteine und Schnittstellen der flexiblen Fertigungsführung

Die Bearbeitung der eingetroffenen Ereignisse erfolgt im Rahmen des Funktionsbausteins "Ereignisprocessor" auf der Basis der aktuellen Fertigungssituation und möglicher alternativer

Betriebsmittel und Abläufe. Im folgenden werden sowohl die spezifischen Aufgaben und Inhalte dieser Funktionsbausteine wie auch ihre informationstechnische und funktionalen Zusammenhänge beschrieben.

7.1 Planungs- und Steuerungsdatenmanagement

Der Funktionsumfang dieses Bausteins umfaßt die Speicherung aller Planungs- und Steuerungsdaten, die innerhalb der flexiblen Fertigungsführung anfallen bzw. benötigt werden. Im einzelnen sind das:

- die Planungsvorgaben der übergeordneten Planungsebene zur Durchführung
  der Werkstattaufträge
  * Auftragsdaten für alle $w \subset W_{FS}(t)$
  * Planungstermine $(t_{FS}, t_{PS}, t_{SS}, t_{FE}, t_{PE}, t_{SE})$
  * auftragsspezifische Belegung
    $$U_{W_{FS}}(t) = \{ U_w(t) ; U_w(t) = (E_w(t), H_w(t), F_w(t)) \}$$

- die Strukturbeschreibung des Fertigungssystems
  * Betriebsmitteldaten für alle $k \in K_{FS}$
  * organisatorische, klassifizierende oder gruppierende
    Betriebsmittelstrukturen , z.B. $K_{i,j} = (k_i, k_j)$

- das Zustandsabbild des Fertigungssystems
  * Betriebsmittelzustand $S_{K_{FS}}(t)$
  * Betriebsmittelbelegung
    $$B_{K_{FS}}(t) = \{ B_k(t) ; B_k(t) = (E_{B_k}(t), H_{B_k}(t), W_{B_k}(t)) \}$$

- die Ablaufbeschreibung des Fertigungsprozesses
  * Daten für alle Fertigungsaktionen bzw. Fertigungs-
    operationen $f \in F_{FS}$
  * Verkettung von Fertigungsaktionen bzw. Fertigungsopera-
    tionen mit Alternativen einschließlich der zugehörigen start-
    bzw. ablaufabhängigen Auswahlbedingungen
    $$F_{FS}' = \{ f' ; f' = (f, d_f) \} \text{ und } R_F' \subset ((F_{FS}' \times F_{FS}'), d_{ff})$$

    * Verkettung von Fertigungsoperationen mit zur Ausführung
      notwendigen Betriebsmittel und Teile sowie deren Alternativen
      einschließlich der zugehörigen Auswahlbedingungen

$$f = (p, E', H') \text{ mit } E' = \{ g' \; ; \; g' = (g, d_g) \} \text{ bzw. } H' = \{ k' \; ; \; k' = (k, d_k) \}$$

- das Zustandsabbild des Fertigungsprozesses
    * Zustand aller Fertigungsoperationen $S_{FFS}(t)$
    * auftragsspezifische Belegung

$$U_{WFS}(t) = \{ U_w(t) \; ; \; U_w(t) = (E_w(t), H_w(t), F_w(t)) \}$$

Die Speicherung erfolgt in Form von Tabellen, die als Relationen in ein relationales Datenbanksystem abgebildet werden. Dadurch werden die Informationen datentechnisch und organisatorisch optimal auf ein Speichermedium übertragen und verwaltet[1]. Ein Zugriff auf den Datenbestand muß sowohl von den übrigen Funktionsbausteinen der flexiblen Fertigungsführung wie auch den übergeordneten Planungsebenen jederzeit möglich. Da durch die stochastisch auftretenden Ereignisse aber ständig Veränderungen in der Datenbank durchgeführt werden, die zu neuen Abläufen im Fertigungssystem und möglicherweise zu inkonsistenten Datenabfragen führen, wird der Datenzugriff durch den Planungs- und Prozeßmonitor kontrolliert und zwischen den einzelnen Funktionsbausteinen koordiniert. Er übernimmt die Rolle einer Filter- und Verteilinstanz, die einerseits abgefragte Informationen ständig auf Aktualität überprüft, andererseits geänderte Datenwerte sofort an den Ereignisprocessor zur Bearbeitung weitermeldet, wenn sie aktuell laufende Fertigungsoperationen oder Störungen von Betriebsmitteln betreffen.

Für die Abbildung des Zustands von Material, Betriebsmitteln, Fertigungsoperationen und Aufträgen werden innerhalb des Planungs- und Steuerungsdatenmanagements Zustandsvariable geführt, die bei der Generierung des zugehörenden Fertigungselements neu definiert werden. Das kann manuell durch die Einführung von neuen Fertigungsabläufen oder Betriebsmitteln erfolgen und betrifft dann zumeist Zustandsvariable mit langer Gültigkeitsdauer oder dynamisch während der Durchführung von Fertigungsprozessen. In diesem Fall handelt es sich um Variable, die kurzzeitig auftretende Fertigungselemente bzw. -elementgruppen beschreiben (z.B. Transporteinheiten, Kommissionen) und mit deren Auflösung gelöscht werden.

---

[1] Unter einer Datenbank ist nach /4,69,71/ die Zusammenfassung aller Datenelemente in ein Informationssystem zu verstehen, deren Speicherungsform keine Behinderung für eine flexible logische oder physische Verknüpfung zwischen den Datenelementen bedeuten. /70,73/ gehen zusätzlich auf mögliche Datenstrukturen innerhalb einer Datenbank ein und beschreiben das relationale Datenmodell.

Die Generierung einer Zustandsvariablen geschieht durch Eintrag in die Variablentabelle
(Bild 43). Dort werden alle Variablen mit ihrem Wertebereich beschrieben und jeder Wert
eindeutig einem erzeugenden Ereignis sowie einem Fertigungselement zugewiesen. Durch die
Angabe von Ereigniszielen und einer Gültigkeitsbedingung wird die Weiterleitung der mit
dem Ereignis verbundenen Zustandsänderung an Funktionsbausteine der flexiblen Fertigungsführung gesteuert und der Zustand in seiner zeitlichen Dauer begrenzt. Die Bedingungen
werden in Form binärer Terme beschrieben. Die Festlegung der Variablen, ihrer Werte und
Gültigkeiten ist vom Aufwendungsfall und den definierten Start- bzw. Auswahlbedingungen
der Fertigungsoperationen und Betriebsmittel abhängig, deshalb sind die Angaben in der
Variablentabelle im Rahmen dieser Randbedingungen frei definierbar.

Zustands-variable	Variablen-wert	Fertigungs-element	Ereignis-identifikation		Ereignisausprägung			Ereignis-ursprung	Ereignisziel	Gültigkeits-bedingung
			Klasse	Typ	Attribut	Wert	Bearb.-klasse			
Sk1	"Maschine frei"	k1	T050	440	Termin	"Termin erreicht"	-	k1	FEP, FPPM	
		k1	S120	500	Status	"Aktion Abbruch"	-	k1	FEP, FPPM	
		k1	T040	120	Termin	"Termin erreicht"	-	k1	FEP, FPPM	
	"Auftrag in Arbeit"	k1	T020	140	Status	"Aktion Start"	-	k1	FEP, FPPM	
		k1	S120	340	Status	"Aktion fortsetzen"	-	k1	FEP	
	"Arbeit un-terbrochen"	k1	S120	540	Status	"Aktion unterbrochen"	-	k1	FEP	[$\Delta t \leq$ 0,5 h]
	"Maschine gestört"	k1	S240	240	Status	"Maschinen-störung"	NP	k1	FEP, UEPL	
	"Störung beendet"	k1	S240	440	Status	"Maschinen-störung be-endet"	-	k1	FEP, FPPM	
sf1	"Operation starten"	f1	T030	130	Status	"Termin erreicht"	-	FPPM	FEP, FPPM	
	"Operation beendet"	f1	S130	440	Status	"Operation beendet"	-		FEP, FPPM	

FEP = Funktionsbaustein Ereignisprozessor; UEPL = übergeordnete Planungsebene; FPPM = Funktionsbaustein Planungs- und Prozeßmonitor

Bild 43:   Auszug aus der Variablentabelle

Zur Aublaufbeschreibung des Fertigungsprozesses werden innerhalb des Planungs- und Steuerungsdatenmanagements mehrere Tabellen verwendet, welche die Mengen E', H', R abbilden und die Weiterleitung der Betriebsmittel und Teile nach Beendigung einer Fertigungsoperation regeln. Im einzelnen sind das:

- eine Operationstabelle mit allen beschreibenden Daten der einzelnen Fertigungsoperationen sowie deren Startbedingungen,

- eine Operationsverkettungstabelle zur Beschreibung der Vorgänger-/ Nachfolger-Beziehung der einzelnen Fertigungsoperationen einschließlich ihrer Alternativen sowie deren ablaufabhängige Auswahlbedingungen,

- eine Ressourcenauswahltabelle für die Zuordnung ausführungsnotwendiger Betriebsmittel und Materialien (oder deren Alternativen) zu einzelnen Fertigungsoperationen aufgrund der Auswahlbedingungen,

eine Ressourcenverteiltabelle für die Verteilung der verwendeten Betriebsmittel und erzeugten Werkstücke entsprechend ihrem Zustand aufgrund der Verteilbedingungen.

Die Beschreibung der Auftrags- bzw. Betriebsmittelbelegung erfolgt ebenfalls in Tabellenform, wobei die benötigten Materialien, Betriebsmittel oder Aufträge einschließlich ihres Einsatzstart- und -endtermins direkt dem Auftrag bzw. dem Betriebsmittel zugeordnet werden, dessen Belegung abzubilden ist.

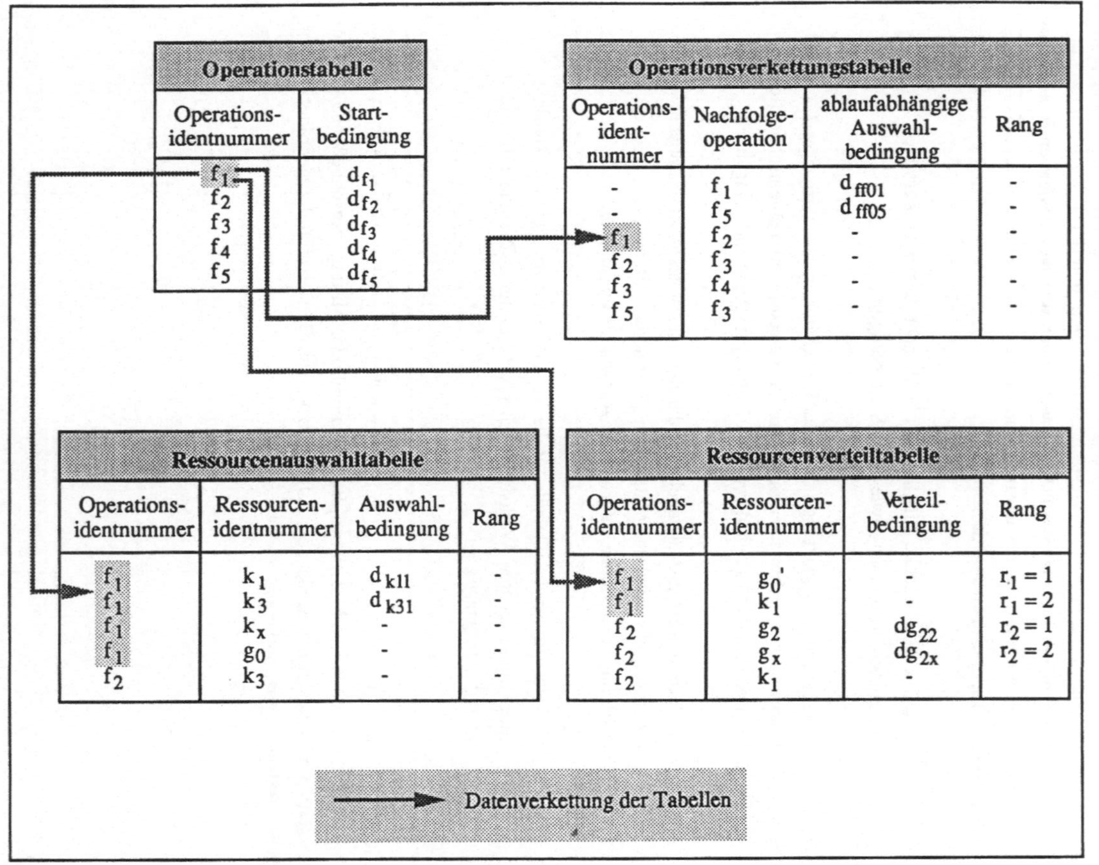

Operationstabelle

Operations-identnummer	Start-bedingung
f_1	d_{f_1}
f_2	d_{f_2}
f_3	d_{f_3}
f_4	d_{f_4}
f_5	d_{f_5}

Operationsverkettungstabelle

Operations-ident-nummer	Nachfolge-operation	ablaufabhängige Auswahl-bedingung	Rang
-	f_1	d_{ff01}	-
-	f_5	d_{ff05}	-
f_1	f_2	-	-
f_2	f_3	-	-
f_3	f_4	-	-
f_5	f_3	-	-

Ressourcenauswahltabelle

Operations-identnummer	Ressourcen-identnummer	Auswahl-bedingung	Rang
f_1	k_1	d_{k11}	-
f_1	k_3	d_{k31}	-
f_1	k_x	-	-
f_1	g_0	-	-
f_2	k_3	-	-

Ressourcenverteiltabelle

Operations-identnummer	Ressourcen-identnummer	Verteil-bedingung	Rang
f_1	g_0'	-	$r_1 = 1$
f_1	k_1	-	$r_1 = 2$
f_2	g_2	dg_{22}	$r_2 = 1$
f_2	g_x	dg_{2x}	$r_2 = 2$
f_2	k_1	-	-

Bild 44:   Tabellen zur Ablaufbeschreibung des Fertigungsprozesses (Auszug)

7.2   Ereignisprozessor

Der Funktionsbaustein "Ereignisprozessor" wertet alle Planungs- und Prozessereignisse aus und bestimmt anhand der aktuellen Zustands- und Belegungssituation von Fertigungssystemen und -prozessen für einen kurzfristigen Zeitraum die nächsten auszulösenden Fertigungsoperationen. Dies erfolgt unter Verwendung der in Kapitel 6 definierten Bearbeitungsmethoden, zu deren Auswahl und Durchführung Daten über den "Planungs- und Prozeßmonitor" aus dem "Planungs- und Steuerungsdatenmanagement" abgerufen werden. Wegen des schnellen Zugriffs werden diese Daten als Auszug der im "Planungs- und Steuerungsdatenmanagement" enthaltenen Datenmenge innerhalb des Funktionsbausteins "Ereignisprozessor" gespeichert.

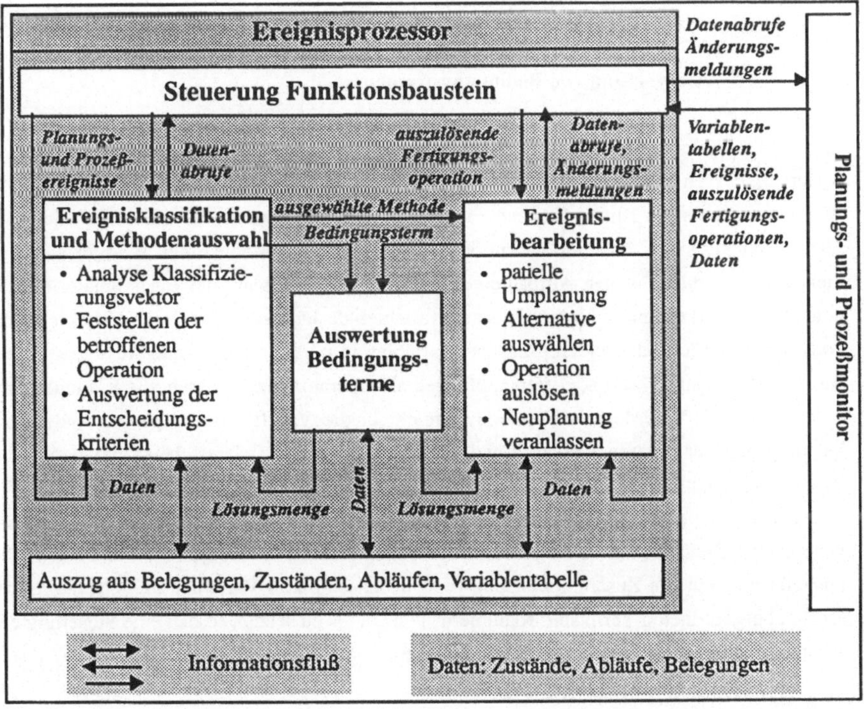

Bild 45:   Module und Schnittstellen des Funktionsbausteins "Planungs- und Prozeßmonitor"

Als Zugriffskriterium dienen Angaben aus dem Klassifizierungsvektor des gemeldeten Ereignisses (z.B. Ereignisursprung). Die Datenabrufe bzw. ihre Aktualisierung und Weiterleitung erfolgt durch das Modul "Steuerung Funktionsbaustein", das auch die Auswahl der Bearbeitungsmethode eines Ereignisses veranlaßt und die resultierenden, auszulösenden Fertigungsoperationen an die übrigen Funktionsbausteine zur Durchführung und Aktualisierung der Zustandsabbilder überträgt.

Die Auswahl und Durchführung der Bearbeitungsmethode basiert wesentlich auf der Auswertung binärer Bedingungsterme. Deshalb wird im folgenden zunächst das hierfür angewendete Auswerteverfahren dargestellt, bevor in einem zweiten Schritt die Beschreibung der Methodenumsetzung erfolgt.

7.2.1 Auswertung von Bedingungstermen

Ein Bedingungsterm ist – wie in Kapitel 6.2.1 beschrieben – ein frei definierbarer Boolescher Ausdruck, dessen Operanden entweder Zustandsvariable oder Vergleichsaussagen mit binären Wertebereichen sind. Binäre Zustandsvariable können nur gesetzt ("TRUE") oder nicht gesetzt ("FALSE") sein, dagegen haben nicht binäre Zustandsvariable einen Wertebereich mit mehr als 2 Werten. Für den Aufbau eines Auswerteverfahrens auf der Basis binärer Bedingungsterme sind die nicht binären Zustandsvariablen deshalb zunächst durch Vergleiche mit konstanten Größen oder anderen Zustandsvariablen in binär entscheidbare Aussagen umzuwandeln. Dazu sind $>,<,\geq,\leq,=$ -Verknüpfungen als Operatoren zugelassen, die Klammersymbole "[" und "]" werden als Trennungsbereich für die Vergleichsaussage verwendet. Zur Verknüpfung der binären Aussagen und Variablen werden die klassischen Operationen der Booleschen Algebra verwendet (Konjunktion "$\wedge$", Disjunktion "$\vee$" und Negation "$\neg$"). Die Abarbeitungsreihenfolge wird duch eine Rangreihenfolge innerhalb dieser 3 Operatoren vorgegeben. Zunächst ist die Negation zu bearbeiten, danach die Konjunktion und zuletzt die Disjunktion . Für die Zusammenfassung verschiedener binärer Variablen und Operatoren zu einem übergeordneten Term sind Klammern "(" bzw. ")" zu setzen, so daß eine Steuerung der Abarbeitung eines Bedingungsterms vorgebbar ist.

Die Zuweisung eines Bedingungsterms zu einer Alternative (z.B. Auswahl Betriebsmittel, Start Operation, Einsatz Bearbeitungsmethode) geschieht durch Erweiterung des Terms um die Beschreibung seines Ausgangs- und Zielknotens. Wie in Bild 46 dargestellt, haben die alternativen Betriebsmittel k_1 und k_3 der Fertigungsoperation f_1 als Ausgangsknoten den Zustandsknoten des jeweiligen Betriebsmittels innerhalb des Fertigungsprozessabbilds, Zielknoten für beide Auswahlbedingungen ist der Operationsknoten f_1. Kann das Teil g_0 durch zwei alternative Fertigungsabläufe f_1/f_2 bzw. f_5 zum Teil g_2 bearbeitet werden, ist der Zustandsknoten g_0 Ausgangsknoten beider Auswahlbedingungen und entweder der Operationsknoten f_1 oder f_5 Zielknoten. Bei Startbedingungen von Fertigungsoperationen oder Einsatzbedingungen für Bearbeitungsmethoden ist keine Unterscheidung des Ausgangs- und Zielknotens möglich, deshalb werden beide Knotenangaben in diesem Fall gleichgesetzt. Als syntaktische Beschreibung für die erweiterten Bedingungsterme ergibt sich somit :

{Ausgangsknoten}:{binärer Bedingungsterm} = {Zielknoten}

z.B.: $K_1 : ([S_{k1}(t) = \text{"Maschine frei"}] \wedge [S_{f1}(t) = \text{"Operation starten"}]) = f1$

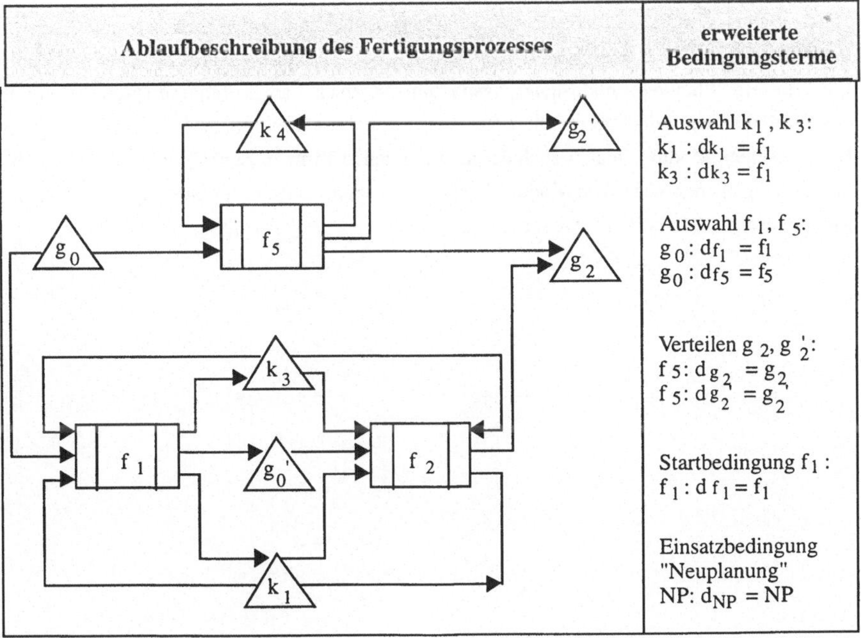

Bild 46:   Erweiterte Bedingungsterme

Hierbei werden die Zeichen ":" und "=" als Trennungszeichen des binären Bedingungsterms verwendet. Die erweiterten Bedingungsterme werden innerhalb des Moduls "Auswertung Bedingungsterme" von einem "Parser" mit Hilfe einer Umwandlungstabelle syntaktisch (Bild 47) analysiert und auf der Basis der aktuellen Werte aller Operanden in einen binären Lösungswert umgewandelt. Das hierbei verwendete Auswahlverfahren arbeitet einen Bedingungsterm von links nach rechts ab und trägt die Operanden bzw. Operatoren entsprechend den Vorgaben der Umwandlungstabelle entweder in den Operanden- oder Operationsstapel ein. Diese beiden Stapel werden entsprechend den Bearbeitungsregeln der polnischen Notation abgeprüft, Werte berechnet, wieder eingetragen bzw. gelöscht. Sollen Werte aus dem Operandenstapel verarbeitet werden, so erfolgt die Verknüpfung mit dem untersten Operator aus dem Operatorenstapel. Die Operanden werden aus dem Stapel ausgelesen, ebenso wie der Operator. Das Ergebnis wird dann wieder in den Operandenstapel eingetragen. Dadurch können beliebig geschachtelte Bedingungsterme sequentiell berechnet werden.

Die Werte der Zustandsvariablen aus den binären Bedingungstermen werden von den Modulen "Ereignisklassifikation und Methodenauswahl" und "Ereignisbearbeitung" über den Funktionsbaustein "Planungs- und Steuerungsdatenmanagement" abgerufen und stehen innerhalb des "Ereignisprocessors" gespeichert zur Auswertung des Bedingungsterms zur Verfügung. Über dieselben Module gelangt auch der auszuwertende Term zu seiner Verarbeitung. Die binäre Lösungsmenge wird vom Modul "Auswertung Bedingungsterme" zur Ausführung an das Modul "Ereignisbearbeitung" weitergeleitet.

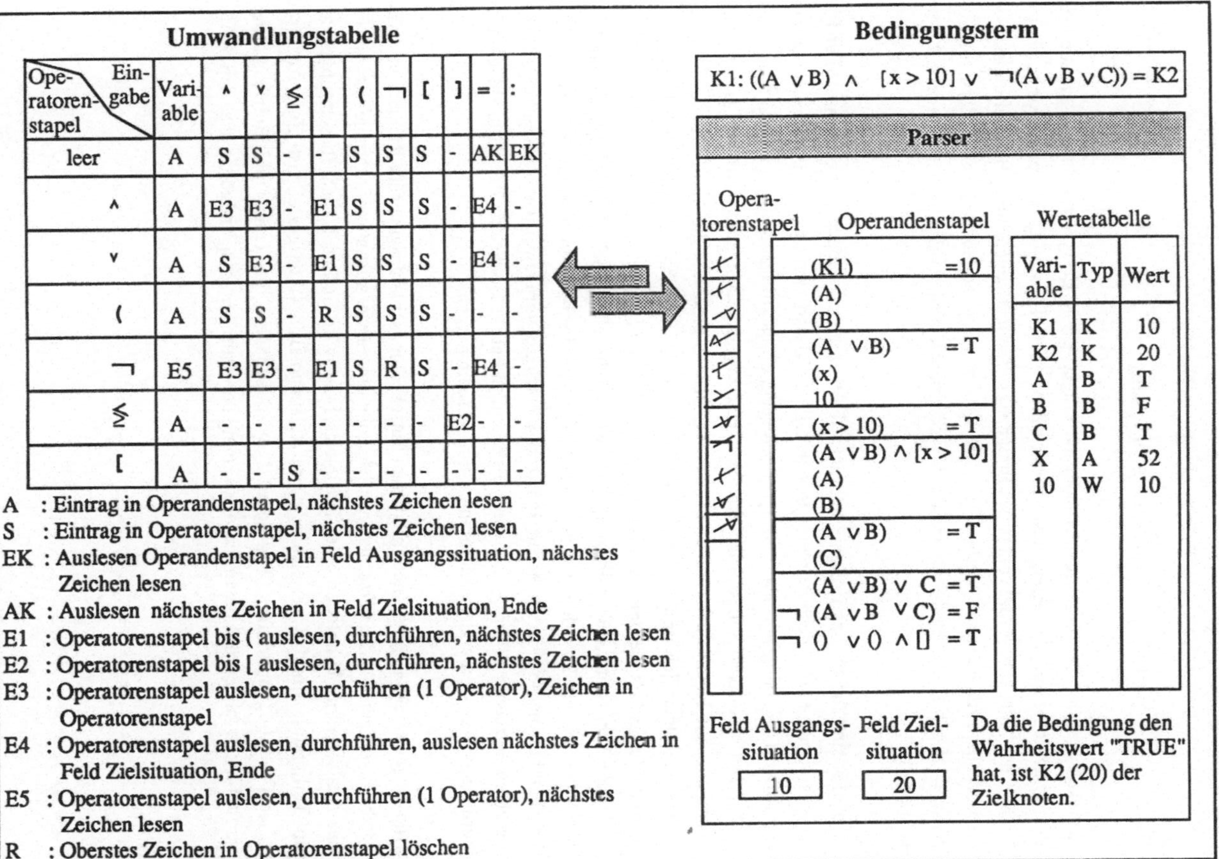

Operatorenstapel \ Eingabe	Variable	∧	∨	≤	)	(	¬	[	]	=	:
leer	A	S	S	-	-	S	S	S	-	AK	EK
∧	A	E3	E3	-	E1	S	S	S	-	E4	-
∨	A	S	E3	-	E1	S	S	S	-	E4	-
(	A	S	S	-	R	S	S	S	-	-	-
¬	E5	E3	E3	-	E1	S	R	S	-	E4	-
≤	A	-	-	-	-	-	-	-	E2	-	-
[	A	-	-	S	-	-	-	-	-	-	-

	Wertetabelle		
Variable		Typ	Wert
K1		K	10
K2		K	20
A		B	T
B		B	F
C		B	T
X		A	52
10		W	10

A : Eintrag in Operandenstapel, nächstes Zeichen lesen
S : Eintrag in Operatorenstapel, nächstes Zeichen lesen
EK : Auslesen Operandenstapel in Feld Ausgangssituation, nächstes Zeichen lesen
AK : Auslesen nächstes Zeichen in Feld Zielsituation, Ende
E1 : Operatorenstapel bis (auslesen, durchführen, nächstes Zeichen lesen
E2 : Operatorenstapel bis [auslesen, durchführen, nächstes Zeichen lesen
E3 : Operatorenstapel auslesen, durchführen (1 Operator), Zeichen in Operatorenstapel
E4 : Operatorenstapel auslesen, durchführen, auslesen nächstes Zeichen in Feld Zielsituation, Ende
E5 : Operatorenstapel auslesen, durchführen (1 Operator), nächstes Zeichen lesen
R : Oberstes Zeichen in Operatorenstapel löschen

Bild 47:   Funktionsweise des Parsers

7.2.2 Methodenauswahl und -bearbeitung

Zur Auswahl der Bearbeitungsmethoden für eingetroffene Ereignismeldungen ist zunächst eine Unterscheidung des Ereignisses hinsichtlich seines Typs und Ursprungs vorzunehmen. Enthält der Klassifizierungsvektor des Ereignisses eine fest zugeordnete Bearbeitungsklasse, so wird die dazugehörende Methode zu seiner Bearbeitung verwendet. Andernfalls erfolgt die Auswahl durch Einsatzbedingungen für die verschiedenen Methoden, wie in Kapitel 6.3.2 beschrieben.

Zunächst sind die für das Ereignis relevanten Fertigungsoperationen zu bestimmen. Für Planungsereignisse sind diese Angaben Bestandteil des Klassifizierungsvektors, bei Prozeßereignissen wird abhängig von Ereignistyp entschieden, ob nachfolgende Operationen ausgewählt und gestartet werden sollen, oder die Aktualisierung des Zustandsabbilds zur Bearbeitung ausreicht. Sind Nachfolgeoperationen zu bestimmen, so geschieht dies auf Basis des Ereignisursprungs (Operation und/oder Betriebsmittel) und der Angaben innerhalb des Fertigungsprozeßabbildes. Es werden für ausgeführte Operationen Nachfolger innerhalb eines zu bearbeitenden Werkstatt- bzw. Fertigungsauftrags oder für ein zu belegendes Betriebsmittel gesucht. Die weitere Zuordnung dieser Operationen und Ereignistypen zu der auszuwählenden Bearbeitungsmethode ist ab diesem Punkt stark abhängig vom jeweiligen Anwendungsfall der flexiblen Fertigungsführung, d.h. vom zu steuernden Fertigungssystem, den darin ablaufenden Fertigungsprozessen und den definierten Einsatzbedingungen.

Bild 48 zeigt beispielhaft einen möglichen Entscheidungsablauf, wie er im Rahmen von Einsatzbedingungen für die verschiedenen Methoden in einem Ausnahmefall umgesetzt ist. Für das Auslösen und Umplanen einer Fertigungsaktion wird in dieser Ablaufbeschreibung auf die Teilmodule I und II verwiesen, deren Ablauf in Bild 49 dargestellt ist. Zum Auslösen einer Fertigungsoperation (Teilmodul I) wird zunächst die Teile- und Betriebsmittelverfügbarkeit abgeprüft, bevor die Auswertung der Startbedingung endgültig über den Start

<table>
<tr><td colspan="2">Modul "Methodenauswahl"</td></tr>
<tr><td>Schritt 1</td><td>Zustandsabbild aktualisieren</td></tr>
<tr><td>Schritt 2</td><td>Ereignisklassifikation durchführen</td></tr>
<tr><td>Schritt 3.1</td><td>case of Prozeßereignis mit Betriebsmittelangabe
Forderung nach Neuplanung prüfen
if Neuplanung gefordert then Neuplanung veranlassen endif
Nachfolgeoperation aus Ablaufbeschreibung ermitteln
Teilmodul I durchführen und Methodenauswahl beenden</td></tr>
<tr><td>Schritt 3.2</td><td>case of Prozeßereignis mit Betriebsmittel und -Auftragsangabe
Forderung nach Neuplanung prüfen
if Neuplanung gefordert then Neuplanung veranlassen endif
Ereignistyp prüfen
if   nicht Ende einer Fertigungsoperation
   then Methodenauswahl beenden   endif
Nachfolgeoperation aus Ablaufbeschreibung ermitteln
Teilmodul I durchführen und Methodenauswahl beenden</td></tr>
<tr><td>Schritt 3.3</td><td>case of   Planungsereignis mit Auftrags- und/oderBetriebsmittelangabe
Fertigungsoperation aus Klassifizierungsvektor ermitteln
Ereignistyp prüfen
if   termingerechter Start einer Fertigungsoperation
   then Teilmodul I durchführen und
        Methodenauswahl beenden   endif
   else Teilmodul II durchführen und Methodenauswahl
        beenden   endif
endcase</td></tr>
</table>

Bild 48:   Ablaufbeschreibung des Moduls Methodenauswahl

der Operation entscheidet. Bei Nichtverfügbarkeit von Material wird sofort eine Neuplanung durch die übergeordnete Planungsebene angestoßen, Nichtverfügbarkeit von Betriebsmitteln führt zunächst zur Suche nach alternativ einzusetzenden Betriebsmitteln, wenn keine Alternativen gefunden werden, ebenfalls zur Auslösung einer Neuplanung. Kann die Startbedingung der auszulösenden Fertigungsoperation nicht erfüllt werden, wird analog zuerst nach einer alternativen Fertigungsoperation gesucht, bevor eine Neuplanung veranlaßt wird. Ist eine alternative Operation ausgewählt worden, muß vor ihrem Start nochmals die Verfügbarkeit der möglicherweise veränderten Betriebsmittel überprüft werden.

<table>
<tr><td colspan="2">Teilmodul I des Moduls "Methodenauswahl"</td></tr>
<tr><td>Schritt 1</td><td>Materialverfügbarkeit prüfen</td></tr>
<tr><td>Schritt 2</td><td>if Teile nicht verfügbar
then Neuplanung veranlassen
else Betriebsmittelverfügbarkeit prüfen   endif</td></tr>
<tr><td>Schritt 3</td><td>if Betriebsmittel nicht verfügbar
   then alternatives Betriebsmittel ermitteln
       if alternatives Betriebsmittel nicht vorhanden
          then Neuplanung veranlassen
          else Betriebsmittelverfügbarkeit prüfen und
               Ablauf fortsetzen mit Schritt 3   endif
   else Startbedingung der Folgeoperation prüfen   endif</td></tr>
<tr><td>Schritt 4</td><td>if Startbedingung nicht erfüllt
   then alternative Fertigungsoperation ermitteln
       if alternative Fertigungsoperation nicht vorhanden
          then Neuplanung veranlassen
          else Verfügbarkeit zugehörender Betriebsmittel
               prüfen und Ablauf fortsetzen mit Schritt 3   endif
   else Fertigungsoperation auslösen   endif</td></tr>
<tr><td colspan="2">Teilmodul II des Moduls "Methodenauswahl"</td></tr>
<tr><td>Schritt 1</td><td>Terminklasse der Fertigungsoperation prüfen</td></tr>
<tr><td>Schritt 2</td><td>if Fertigungsoperation planmäßig
   then Teilmodul I durchführen und Methodenauswahl beenden
   else partielle Umplanung ohne Alternative durchführen   endif</td></tr>
<tr><td>Schritt 3</td><td>if partielle Umplanung erfolgreich
   then Teilmodul I durchführen und Methodenauswahl beenden
   else partielle Umplanung mit Alternative durchführen   endif</td></tr>
<tr><td>Schritt 4</td><td>if partielle Umplanung mit Alternativen erfolgreich
   then Teilmodul I durchführen und Methodenauswahl beenden
   else Neuplanung veranlassen   endif</td></tr>
</table>

Bild 49:   Teilmodul I und II der Methodenauswahl

Konkurriert das eingetroffene Ereignis terminlich mit Planungsvorgaben, so kann vor dem Auslösen der zugehörenden Fertigungsoperation aufgrund zeitlicher Verschiebung des Fertigungsablaufs gegenüber den Planvorgaben eine partielle Umplanung (Teilmodul II) erforderlich sein. Diese wird zur Verkürzung der Reaktionszeit innerhalb der flexiblen Fertigungsführung zunächst ohne Berücksichtigung von Alternativen durchgeführt. Ist damit keine Auflösung des Zeitverzuges erreichbar, wird ein erneuter Umplanungsvorgang mit Alternativenauswahl angestoßen. Erst wenn auch damit innerhalb der vorgegebenen Stufenzahl der partiellen Umplanung Z_{MAX} keine Behebung der Störung erreicht werden kann, erfolgt der Anstoß einer Neuplanung.

Die Ereignisbearbeitung selbst besteht aus der Umsetzung der ausgewählten Methode. Da das Veranlassen einer Neuplanung oder Auslösen einer Fertigungsoperation ausschließlich durch Kommunikation zur übergeordneten Planungsebene bzw. der Ausführungsebene zu bearbeiten ist, wird im folgenden nur der Ablauf einer Alternativenauswahl bzw. partiellen Umplanung näher beschrieben.

Ausgangspunkt für die Auswahl eines alternativen Betriebsmittels bzw. einer alternativen Fertigungsoperation ist die Überprüfung des Ausführungsstatus aller vorhergehenden Fertigungsoperationen des Fertigungs- oder Werkstattauftrags. Nur wenn diese im Status "Operation beendet" sind und die Verwendung des geplanten Ablaufs wegen Nichtverfügbarkeit der dazu benötigten Betriebsmittel nicht erfolgen kann, wird der Auswahlvorgang durchgeführt. Dabei sind folgende Ablaufvarianten möglich:

- ausschließliche Ermittlung eines alternativen Betriebsmittels,
- Ermittlung eines alternativen Betriebsmittels unter Berücksichtigung zusätzlicher alternativer Fertigungsoperationen,
- Ermittlung eines alternativen Betriebsmittels unter Berücksichtigung zusätzlicher alternativer Fertigungsoperationen und ihren alternativen Betriebsmitteln,
- ausschließliche Ermittlung einer alternativen Fertigungsoperation,
- Ermittlung einer alternativen Fertigungsoperation und ihre alternativen Betriebsmittel.

Bild 50 zeigt den Ablauf des gesamten Auswahlvorgangs.

<table>
<tr><td colspan="2">Modul "Alternativenauswahl"</td></tr>
<tr><td>Schritt 1</td><td>Ende der Vorgängeropration zu f_i prüfen</td></tr>
<tr><td>Schritt 2</td><td>if Vorgängeroperation noch aktiv
then Alternativenauswahl beenden
else Verfügbarkeit der zu f_i eingeplanten
Betriebsmittel K_i prüfen endif</td></tr>
<tr><td>Schritt 3</td><td>if Betriebsmittel K_i verfügbar
then geplanten Ablauf verwenden und Alternativenauswahl beenden
else alternative Betriebsmittel $K_i{}'$ von f_i ermitteln endif</td></tr>
<tr><td>Schritt 4</td><td>if kein alternatives Betriebsmittel $K_i{}'$ vorhanden
then alternative Fertigungsoperation f_j von f_i ermitteln und
Ablauf fortsetzen mit Schritt 6
else Verfügbarkeit der alternativen Betriebsmittel $K_i{}'$ prüfen endif</td></tr>
<tr><td>Schritt 5</td><td>if alternatives Betriebsmittel $K_i{}'$ verfügbar
then Fertigungsoperation f_i mit Betriebsmittel $K_i{}'$ verwenden
und Alternativenauswahl beenden
else alternative Fertigungsoperation f_j von f_i ermitteln endif</td></tr>
<tr><td>Schritt 6</td><td>if keine alternative Fertigungsoperation f_j vorhanden
then Alternativenauswahl beenden
else Verfügbarkeit der zu f_j gehörenden Betriebsmittel K_j
prüfen endif</td></tr>
<tr><td>Schritt 7</td><td>if Betriebsmittel K_j verfügbar
then alternative Fertigungsoperation f_j mit Betriebsmittel
K_j verwenden und Alternativenauswahl beenden
else alternative Betriebsmittel $K_j{}'$ von f_j ermitteln
und Ablauf fortsetzen mit Schritt 4 unter Verwendung
von f_j und $K_j{}'$ für f_i und $K_i{}'$ endif</td></tr>
</table>

Bild 50:   Ablaufbeschreibung des Moduls "Alternativenauswahl"

Durch die partielle Umplanung wird versucht, die zeitliche Verzögerung eines Prozeßereignisses, im Hinblick auf sein geplantes Eintreffen, durch eine auf wenige Stufen begrenzte Vorwärtsterminierung mit oder ohne Berücksichtigung von alternativen Abläufen aufzulösen. Es werden dabei je Stufe für alle Fertigungsoperationen der vorherigen Stufe die Nachfolgeoperationen des zugehörenden Fertigungs- bzw. Werkstattauftrags sowie die dazu eingeplanten Betriebsmittel berücksichtigt. Überprüft wird jeweils, ob der zeitliche Puffer der Nachfol-

Modul "partielle Umplanung"	

Schritt 1	Nachfolgeoperation f_{i+1} von f_i desselben Auftrags w_i ermitteln
Schritt 2	**if** keine Nachfolgeoperation f_{i+1} vorhanden **then** Ablauf fortsetzen mit Schritt 6 **else** Planende für f_i mit Planstart f_{i+1} vergleichen **endif**
Schritt 3	**if** Planende f_i früher als Planstart f_{i+1} **then** Ablauf fortsetzen mit Schritt 1 unter Verwendung von f_{i+1} für f_i **else** Berücksichtigung alternativer Fertigungsoperationen f_{j+1} prüfen **endif**
Schritt 4	**if** keine Berücksichtigung alternative Fertigungsoperation f_{j+1} **then** Planstart f_{i+1} = Planende f_i und Ablauf fortsetzen mit Schritt 1 unter Verwendung von f_{i+1} für f_i **else** alternative Fertigungsoperation f_{j+1} ermitteln und Planende f_i mit Planstart für f_{j+1} vergleichen **endif**
Schritt 5	**if** Planende f_i früher als Planstart f_{j+1} **then** alternative Fertigungsoperation f_{j+1} verwenden für f_i und Ablauf fortsetzen mit Schritt 1 **else** Planstart f_{j+1} = Plandende f_i und Ablauf fortsetzen mit Schritt 1 unter Verwendung von f_{j+1} für f_i **endif**
Schritt 6	**if** Nachfolgeoperationen f_{K_i} abgearbeitet **then** Ablauf fortsetzen mit Schritt 7 **else** Nachfolgeoperationen f_{K_i} der Betriebsmittel K_i von f_i ermitteln und Ablauf fortsetzen mit Schritt 2 unter Verwendung von f_{K_i} für f_{i+1} **endif**
Schritt 7	Durchführung der Umplanung in der bearbeiteten Stufe Z prüfen
Schritt 8	**if** Umplanung in der bearbeiteten Stufe Z erfolgreich **then** partielle Umplanung beenden **else** Erreichen der maximalen Stufenzahl Z_{MAX} prüfen **endif**
Schritt 9	**if** maximale Stufenzahl Z_{MAX} erreicht **then** Neuplanung anstoßen **else** nächste Stufe bearbeiten mit $Z = Z+1$ und Ablauf fortsetzen mit Schritt 1 **endif**

Bild 51:   Ablaufbeschreibung des Moduls "partielle Umplanung"

geoperation die Terminverzögerung abdeckt, oder eine Verschiebung der Nachfolgeoperation notwendig ist. Im ersten Fall kann die partielle Umplanung abgebrochen werden, im zweiten Fall erfolgt nach Abprüfung möglicher Alternativoperationen die terminliche Verschiebung der Nachfolgeoperation. Kann die Verzögerung durch den zeitlichen Puffer einer Alternativoperation abgedeckt werden, so wird für den weiteren Fertigungsablauf diese Operation verwendet. Nach vollständiger Bearbeitung aller Operationen einer Stufe erfolgt entweder die Bearbeitung der nächsten Stufe oder der Abbruch der partiellen Umplanung, wenn innerhalb der letzten Stufe keine Vorwärtsterminierung notwendig war oder die vorgegebene maximale Stufenzahl Z_{MAX} erreicht wurde. Der letzte Fall ist gleichzeitig mit dem Anstoß einer Neuplanung durch die übergeordnete Planungsebene verbunden.

Der Gesamtablauf einer partiellen Umplanung ist in Bild 51 zusammenfassend dargestellt.

7. 3 Planungs- und Prozeßmonitor

Zu jedem Zeitpunkt können von der übergeordneten Planungsgebene Werkstattaufträge oder einzelne Fertigungsoperationen freigegeben werden, Prozeßereignisse der Ausführungsebene eintreffen oder Datenabfragen bzw. Aktualisierung innerhalb des Planungs- und Steuerungsdatenmanagements notwendig sein. Die Koordination und Abwicklung dieser Aufgaben wird innerhalb der flexiblen Fertigungsführung vom Planungs- und Prozeßmonitor ausgeführt. Er besteht aus drei voneinander unabhängigen Modulen, die über Schnittstellen miteinander verbunden sind (Bild 52). Diese Schnittstellen sind so ausgelegt, daß zu jedem Zeitpunkt ein ereignisorientierter Datentransfer an das Modul erfolgen kann.

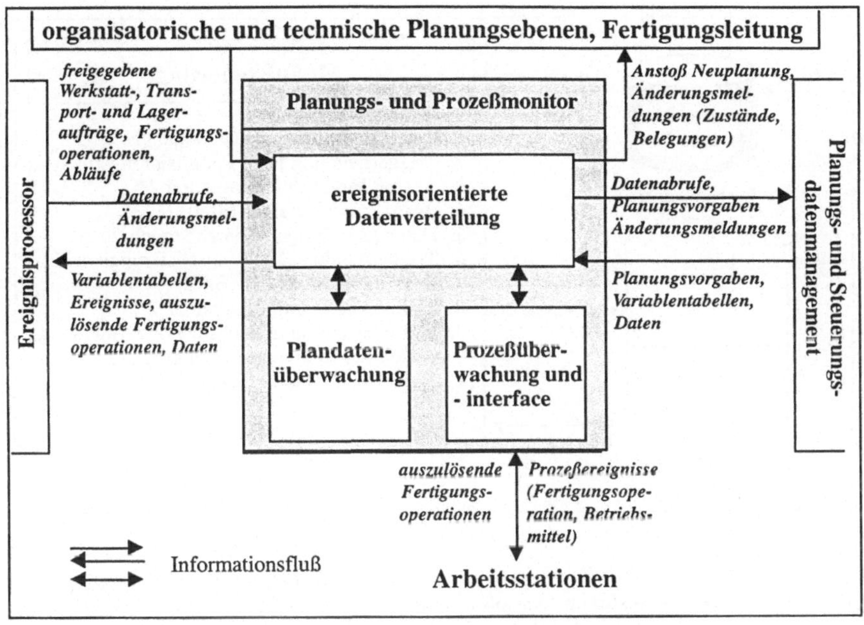

Bild 52:   Module und Schnittstellen des Funktionsbausteins "Planungs- und Prozeßmonitor"

7.3.1   Ereignisorientierte Datenverteilung

Die Module "Plandatenüberwachung" und "Prozeßüberwachung und -interface" erfassen Planungs- bzw. Prozeßereignisse, die als Ereignismeldung an die "ereignisorientierte Datenverteilung" weitergeleitet werden. Die Daten werden von den sendenden Modulen in den Eingangsdatenbereich des empfangenden Moduls geschrieben. Da das zu jedem beliebigen Zeitpunkt erfolgen kann, muß das empfangende Modul zur Verarbeitung dieser Daten angestoßen werden. Dies geschieht in Form eines Triggerereignisses, das von dem sendenden Modul erzeugt und als Triggermeldung in die Initialisierungsmailbox des empfangenden Moduls eingetragen wird. Dadurch wird dessen Modulsteuerung aktiviert und die übertragenen Daten verarbeitet. Dieses Verfahren einer ereignisorientierten Datenübertragung und Modulinitialisierung ist Bestandteil aller Module innerhalb der flexiblen Fertigungsführung.

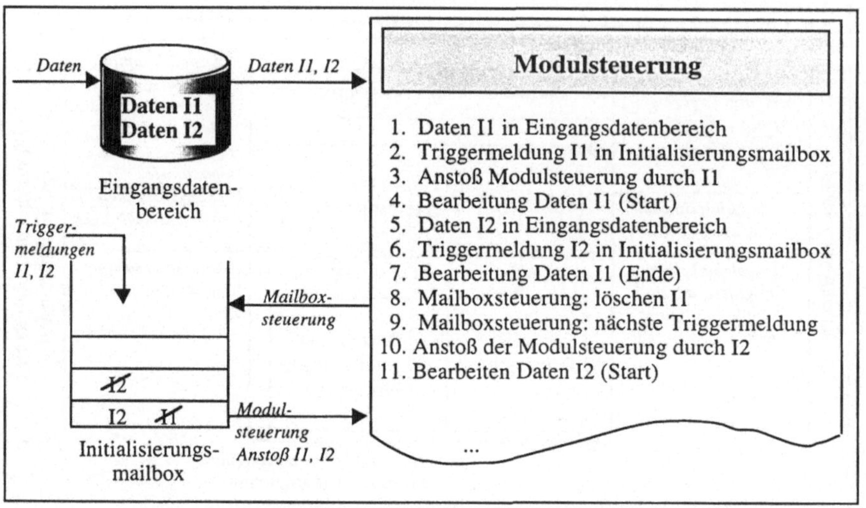

Bild 53:   Datentransfer und Anstoß von Modulen und Funktionsbausteinen durch
Triggermeldungen

Für die Aktualisierung des Zustandsabbildes von Fertigungssystem oder -prozeß werden vom Modul "ereignisorientierte Datenverteilung" aufgrund der empfangenen Ereignismeldung die dazugehörenden Ereignisse zunächst mit Hilfe der Variablentabellen den zugehörigen Zustandsvariablen zugeordnet. Der Wert der Variablen wird daraufhin, entsprechend dem zu diesem Ereignis eingetragenen Wert der Variablentabelle, geändert. Diese Änderung wird gleichzeitig an alle Funktionsbausteine der flexiblen Fertigungsführung bzw. die überge-ordneten Planungsebenen gemeldet, sofern diese als Ereignisziel in der Variablentabelle eingetragen sind. Die Triggermeldung unterbricht dort eventuell schon laufende Auswer-tungen und leitet die Wiederholung bzw. Überarbeitung der Auswertung mit den neuen Zustandswerten ein. Werden Zustandsvariablen nur temporär von einer Ereignismeldung in ihrem Wert beeinflußt, so wird bei Eintreffen des auslösenden Ereignisses aufgrund der Gültigkeitsbedingung in der Variablentabelle eine Timerprozedur gestartet, die nach Ablauf der Gültigkeitszeit des Ereignisses das Rücksetzen der Variablen durch die Erzeugung einer entsprechenden Ereignismeldung veranlaßt und die geänderten Variablenwerte an die betroffenen Funktionsbausteine bzw. die übergeordneten Planungsebenen verteilt.

Im Zustandsabbild des Funktionssystems bzw. -prozesses ist je Zustandsvariable ihr aktueller Wert sowie der Klassifizierungsvektor des letzten Ereignisses enthalten, das diesen Wert verursacht hat. Dies ist notwendig, da Ereignisse auf die Fortsetzung des Fertigungsablaufs direkten Einfluß nehmen können. Beispielsweise ist der Termin des Ereignisses "Auftragsstart" relevant für die Terminierung der Folgeaufträge in der flexiblen Fertigungsführung. Die Zustandsvariable des zugehörenden Auftrags beschreibt aber nur seinen Zustand "Auftrag gestartet". Werden von einem Modul innerhalb des "Planungs- und Prozeßmonitors" oder von einem anderen Funktionsbaustein der flexiblen Fertigungsführung Daten benötigt, erfolgt die Übertragung einer Abrufmeldung an das Modul "ereignisorientierte Datenverteilung", das gleichzeitig durch eine Triggermeldung zur Bearbeitung des Abrufs angestoßen wird.

Betrifft der Datenabruf das Feststellen möglicher Folgeaktivitäten aus der Ablaufbeschreibung des Fertigungsprozesses, so ist zu berücksichtigen, daß diese Beschreibung in verschiedenen Detaillierungsstufen vorliegen kann, die flexible Fertigungsführung jedoch ausschließlich Fertigungsoperationen steuert und auslöst. Fertigungsaktionen werden deshalb innerhalb des Moduls "ereignisorientierte Datenverteilung" als eine Sequenz von Fertigungsoperationen betrachtet und auch so aus der Ablaufbeschreibung des Fertigungsprozesses abgefragt. Der Start einer Fertigungsaktion wird dadurch gleichgesetzt mit dem Start der ersten Fertigungsoperation der zur Fertigungsaktion gehörenden Sequenz von Fertigungsoperationen.

Sollen Datenwerte innerhalb des Plan- und Steuerungsdatenmanagements auf Veranlassung eines beliebigen Moduls innerhalb der flexiblen Fertigungsführung verändert werden, erfolgt dies aufgrund einer Änderungsmeldung ebenfalls über das Modul "ereignisorientierte Datenverteilung". Von dort wird auch die Verteilung der geänderten Datenwerte an alle Module bzw. Funktionsbausteine entsprechend den Eintragungen der Variablentabelle ausgeführt.

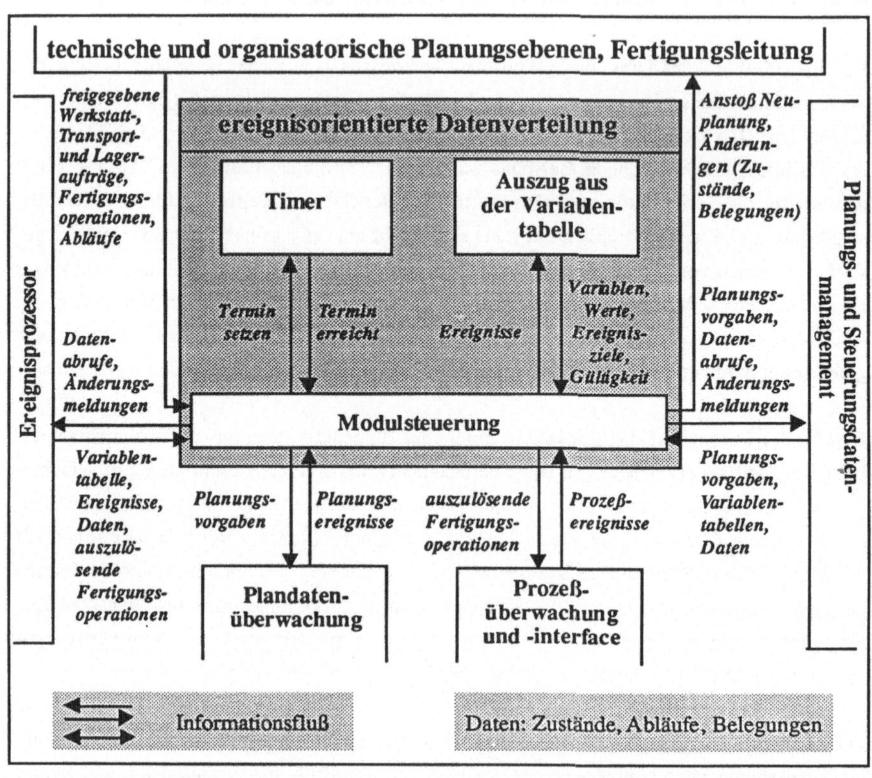

Bild 54:   Aufbau und Schnittstellen des Moduls "ereignisorientierte Datenverteilung"

7.3.2   Plandatenüberwachung

Das Modul Plandatenüberwachung überprüft die Planungsvorgaben der übergeordneten Planungsebenen, erkennt und protokolliert das Erreichen von Planungsterminen, veranlaßt die Aktualisierung des Zustandsabbildes von Fertigungssystem- bzw. -prozeß und reagiert auf ereignisorientierte Veränderungen der Planungsvorgaben durch die übergeordneten Planungsebenen. Dazu werden alle Planungstermine für ein definierbares Zeitintervall zyklisch über das Modul "ereignisorientierte Datenverteilung" abgefragt, an die Plandatenüberwachung übermittelt und dort in eine Termintabelle eingetragen. Der jeweils früheste Termin aus dieser Tabelle setzt einen Timer innerhalb der Plandatenüberwachung. Bei Erreichen des Termins wird vom Timer die Generierung eines Planungsereignisses veranlaßt. Die Beschreibung des Ereignisses entspricht in Form und Inhalt dem "Klassifizierungsvektor" aus Kapitel 6.3.1. Die darin enthaltenen Daten werden als Ereignismeldung über die "ereignisorientierte Datenverteilung" an die anderen Funktionsbausteine der flexiblen Fertigungsführung übermittelt. Fallen Planungstermine verschiedener Werkstattaufträge auf denselben Zeitpunkt, so wird für jede der zugehörigen Fertigungsoperationen ein separates Planungsereignis generiert.

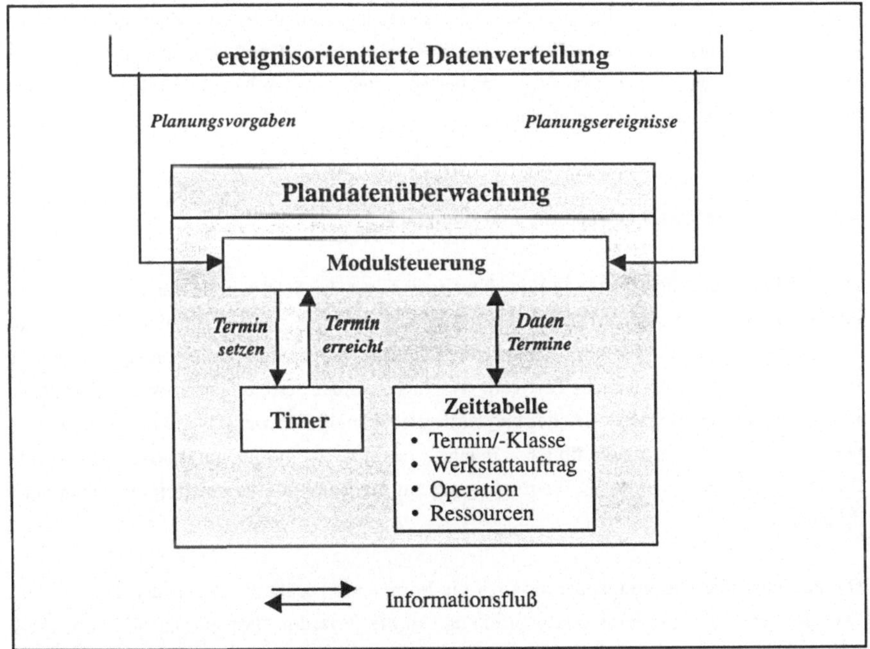

Bild 55:   Aufbau und Schnittstellen des Moduls "Plandatenüberwachung"

Sollten innerhalb des zyklisch angegebenen Zeitintervalls Termine von der übergeordneten Planungsebene geändert oder neue Aufträge und Belegungen eingeplant werden, so müssen diese neuen oder geänderten Daten ereignisgesteuert und damit asynchron zum Zyklus der

Abfrage an die Plandatenüberwachung gemeldet werden. Die übergeordneten Planungsebenen übertragen dazu alle neuen Vorgabewerte an das Planungs- und Steuerungsdatenmanagement und sendet eine Triggermeldung an die "ereignisorientierte Datenverteilung". Dieses Modul veranlaßt eine erneute Abfrage der Planungsvorgaben des zuletzt übertragenen Zeitintervalls sowie deren Weiterleitung an die Plandatenüberwachung, die über eine Triggermeldung angestoßen wird. Die neuen Termine der Plandatenüberwachung werden in die Termintabelle eingetragen und gegebenenfalls wird der Timer mit einem früheren Termin gesetzt.

Mit dem Erreichen des frühesten Starttermins t_{FS} eines Werkstattauftrags bzw. einer Fertigungsoperation, existieren innerhalb der Datenverwaltung noch keine Zustandsvariable zu deren Beschreibung. Sie werden auf der Basis des Planungsereignisses zum Zeitpunkt t_{FS} durch das Planungs- und Steuerungsdatenmanagement neu generiert und können frühestens nach Abschluß der Bearbeitung, dem Erreichen des spätesten Endtermins t_{SE} und dem Beginn der Nachfolgeoperationen gelöscht werden.

7.3.3 Prozeßüberwachung und -interface

Das Modul "Prozeßüberwachung und -interface" bildet die Schnittstelle der flexiblen Fertigungsführung zu den Betriebsmitteln der Ausführungsebene. Es liefert Aussagen über Zustandsveränderungen innerhalb des Fertigungssystems, aktualisiert über die ereignisorientierte Datenverteilung das Abbild des Fertigungssystems bzw. der Fertigungsprozesse und führt die Umsetzung anwendungsspezifischer und hardwareabhängiger Prozeß-Datenkommunikation – wie in der Ausführungsebene üblich – in eine generalisierte und für die flexible Fertigungsführung geeignete Form der Datenübertragung auf der Basis von Prozeßereignis-Meldungen durch.

Die auszulösende Fertigungsoperation wird in Form einer Meldung vom "Ereignisprocessor" über die "ereignisorientierte Datenverteilung" an die Prozedur "Prozeßkontrolle" innerhalb des Moduls "Prozeßüberwachung und -interface" übergeben und diese durch eine Triggermeldung gestartet. In der Prozeßkontrolle erfolgt die Zuordnung der Meldung zu einer abzuarbeitenden Telegrammsequenz anhand der Konfigurationsdatei (Bild 57). Dort werden die betriebsmittelspezifischen Protokolle als Sequenz von Telegrammen mit zugehörenden Formaten und Feldern beschrieben. Sie enthält sämtliche Kommunikationsabläufe für die in der flexiblen Fertigungsführung eingebundenen Betriebsmittel. Die Prozedur "Kommunikationssteuerung" sorgt für die Abwicklung dieser Telegrammsequenzen und kontrolliert den Fortschritt anhand von Rückmeldungen und Quittungen. Hierbei wird sowohl der Inhalt wie auch das zeitliche Zusammenspiel der Telegramme überprüft. Treten Fehler innerhalb der Kommunikation auf, werden diese von der Kommunikationssteuerung an die Prozeßkontrolle gemeldet. Ebenso werden alle zustandsverändernden Meldungen an die Prozeßkontrolle übermittelt. Dort erfolgt die Umsetzung der Meldungen in zu generierende Prozeßereignisse anhand der Konfigurationsdatei.

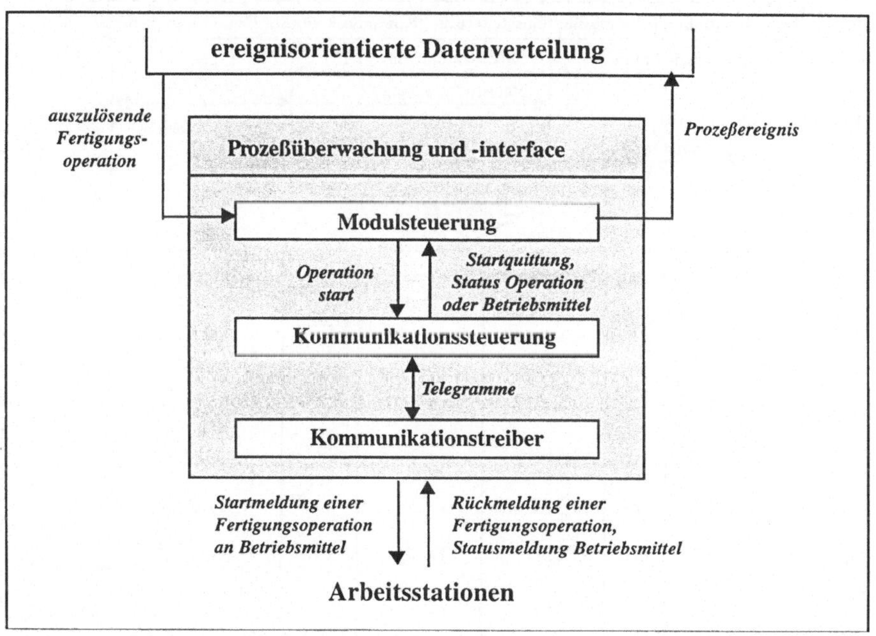

Bild 56:   Aufbau und Schnittstellen des Moduls "Prozeßüberwachung und -interface"

Diese Ereignisse werden in Form von Ereignismeldungen an die "ereignisorientierte Datenverteilung" übertragen, die gleichzeitig durch eine Triggermeldung auf das Eintreffen der Ereignismeldung hingewiesen wurde. Für die Übertragung des Telegramms an die Betriebsmittel ist eine Umsetzung auf die verschiedenen Übertragungsmedien (z.B. Koaxialkabel, Lichtwellenleiter, Vierdrahtleitung) und die dazu spezifizierten Übertragungsprozeduren (z.B. PROFIBUS, SINEC H1, CAN, TCP/IP, MAP, V24) erforderlich /49,54/. Sie wird von den Kommunikationstreibern durchgeführt, die abhängig von dem im Anwendungsfall verwendeten Medium und der Übertragungsprozedur in das Modul "Prozeßüberwachung und -interface" eingebunden werden.

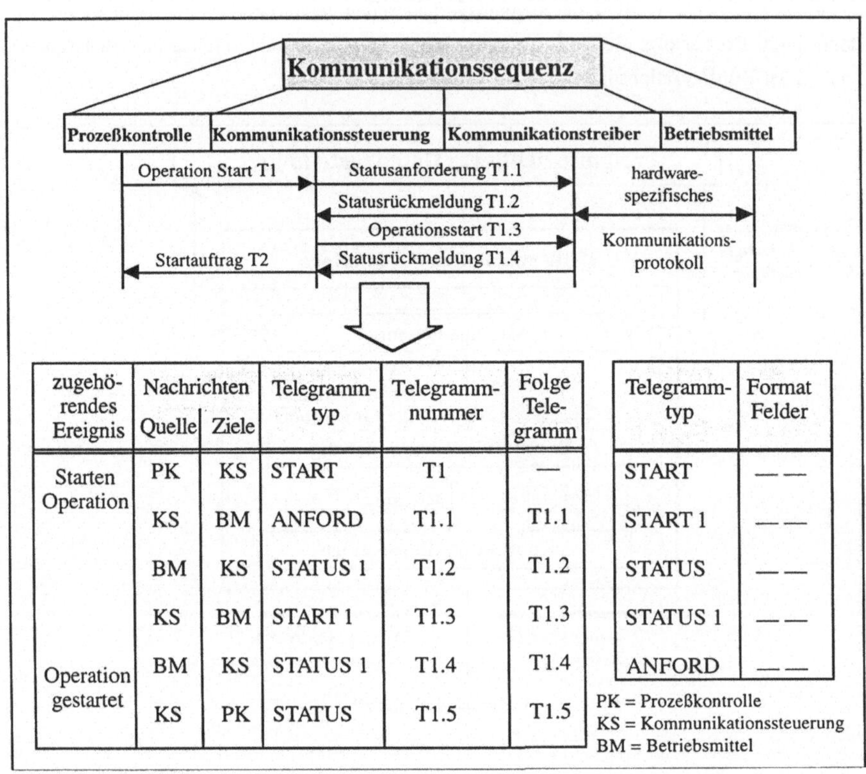

zugehörendes Ereignis	Nachrichten		Telegramm-typ	Telegramm-nummer	Folge Tele-gramm		Telegramm-typ	Format Felder
	Quelle	Ziele						
Starten Operation	PK	KS	START	T1	—		START	— —
	KS	BM	ANFORD	T1.1	T1.1		START 1	— —
	BM	KS	STATUS 1	T1.2	T1.2		STATUS	— —
	KS	BM	START 1	T1.3	T1.3		STATUS 1	— —
Operation gestartet	BM	KS	STATUS 1	T1.4	T1.4		ANFORD	— —
	KS	PK	STATUS	T1.5	T1.5			

Bild 57:   Kommunikationssequenzen und Konfigurationsdatei

7.4 Erfahrungen und Ergebnisse aus der Verfahrensumsetzung

Die flexible Fertigungsführung ist als ein Bestandteil der Planungs- und Steuerungsarchitektur eines Fertigungssystems konzipiert und ergänzt bestehende Leitebenen, die z. B. aus einem oder mehreren Fertigungsleitständen aufgebaut sind, um eine umsetzungsorientierte Komponente mit erweiterter System- und Ablaufbeschreibung und zusätzlicher Handlungs- und Entscheidungskompetenz im kurzfristigen Zeitbereich. Deshalb lassen sich die Potentiale der flexiblen Fertigungsführung sehr einfach durch direkten Vergleich der Ablaufdaten eines Fertigungssystems mit und ohne flexible Fertigungsführung darstellen. Geht man in beiden Fällen vom gleichen bzw. ähnlichen Auftragsspektrum aus, so ergibt sich für die Systemvariante mit flexibler Fertigungsführung eine weitaus geringere Anzahl für die Durchführung manuell zu verändernder Werkstattaufträge und damit eine geringere Belastung des Planungspersonals. Für den in Kapitel 9 ausführlich beschriebenen Anwendungsfall wurden durchschnittlich 6.900 Werkstattaufträge im Leitstandssystem aktuell geführt und eingeplant, davon ca. 250 Werkstattaufträge pro Tag im Dreischichtbetrieb zur Durchführung freigegeben. Bild 58 zeigt den Einfluß der flexiblen Fertigungsführung bezogen auf 6.900 Werkstattaufträge, die in einem Planungslauf vom übergeordneten PPS-System in die Leitebene übernommen werden. Nur 80 % dieser Aufträge konnten in der Leitebene direkt, d. h. ohne Umplanung im PPS-System, eingeplant werden. Von diesen 5.520 Werkstattaufträgen waren nur 2.415 in der Fertigung nach den Vorgaben der Leitebene ausführbar. Die Ursachen hierfür lagen beim Anwendungsfall in

- der fehlenden, ereignisorientierten Einbindung der innerbetrieblichen Logistik (automatisches Transportsystem) in die Planungslogistik der Leitebene, sowie

- der in der Leitebene verwendeten System- und Ablaufbeschreibung, die keine Alternativen hinsichtlich Fertigungsablauf und Ressourceneinsatz beinhaltet.

Durch die zusätzliche Einführung der Ebene "flexible Fertigungsführung" konnten diese Schwierigkeiten weitgehend behoben werden, sodaß weitere 2773 Werkstattaufträge ohne manuellen Eingriff in der Leitebene durch kurzfristige, automatisch ablaufende Maßnahmen der flexiblen Fertigungsführung ausgeführt werden konnten. Nur etwa 4, 8 % der betrachteten 6.900 Werkstattaufträge wurde der Leitebene zur Neuplanung übergeben.

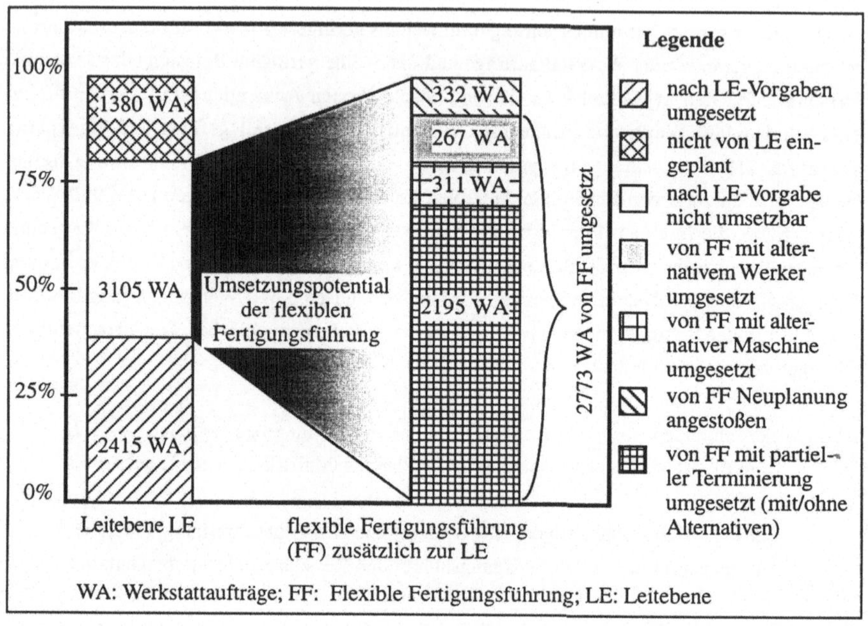

Bild 58:   Umsetzungsanalyse ohne/mit flexibler Fertigung

Eine auf der Basis von ca. 69.000 Werkstattaufträgen durchgeführte Analyse der Neuplanungsfälle (insgesamt 7584) ergab, daß in 44,9 % dieser Fälle keine Alternativen in der Ablaufbeschreibung definiert waren, so daß für die flexible Fertigungsführung nur die partielle Umplanung ohne Alternativen als Lösungsansatz zur Durchführung möglich war. Hierbei ist jedoch das Optimierungspotential gegenüber der Leitebene am geringsten. Bei allen anderen Fällen konnte trotz Berücksichtigung alternativer Ressourcen und Abläufe keine gleichzeitige Belegung aller benötigten Ressourcen des Werkstattauftrags erreicht werden. Für 4,7 % der Fälle waren zwar gemeinsame Belegungslücken vorhanden, die jedoch nicht den zeitlichen Anforderungen des Werkstattauftrags genügten und aufgrund der starken Vernetzung mit nachfolgenden Werkstattaufträgen desselben Fertigungsauftrags oder derselben Ressourcennutzung auch nicht durch die partielle Umplanung angepaßt werden konnten.

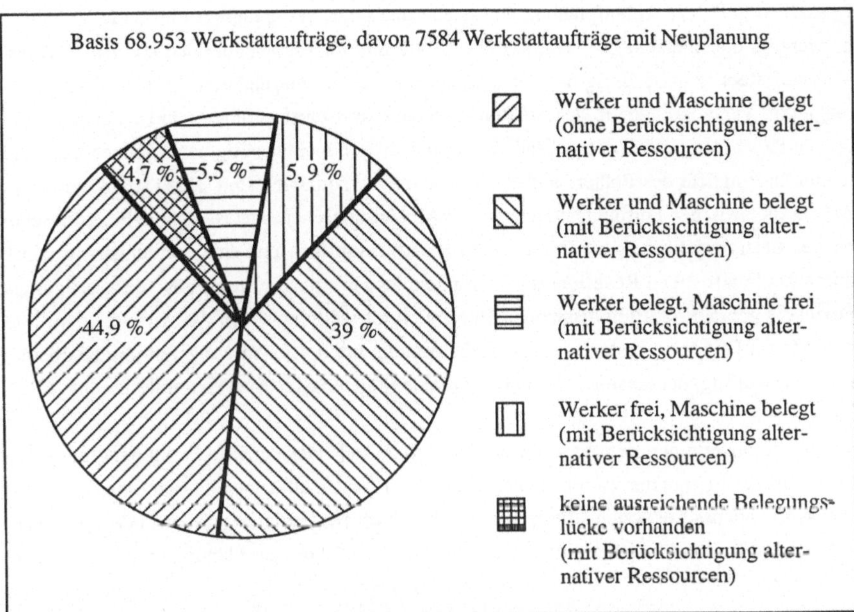

Bild 59:   Analyse der Neuplanungen in der flexiblen Fertigungsführung

Daraus abgeleitet ergeben sich für den Einsatz der flexiblen Fertigungsführung in anderen Fertigungssystemen folgende Erfahrungen:

- Es ist fallspezifisch zu entscheiden, inwieweit durch tiefere Detaillierung des Fertigungsablaufs einschließlich möglicher Alternativen der Aufwand zur Pflege der Informationsbasis den Nutzen der flexiblen Fertigungsführung übersteigt.

- Bei hoher Auslastung der Kapazitäten oder stark vernetzten Abläufen werden die Optimierungsmöglichkeiten der flexiblen Fertigungsführung sehr gering, so daß hierbei prinzipiell die Frage des Einsatzes zu stellen ist.

8　Zusammenfassung

Moderne Fertigungssysteme beinhalten Arbeitsstationen unterschiedlicher Autonomieform. Deshalb sind für die Ablaufplanung und -steuerung eines Fertigungssystems neue Verfahren notwendig, die einerseits die erforderliche Flexibilität im Aufbau abbilden können, andererseits auf stochastische Ereignisse der Ausführungsebene mit eigenem Entscheidungsraum reagieren. Veränderungen in der Ausführungsebene müssen steuerungstechnisch angemessen bearbeitet werden, so daß der laufende Fertigungsprozeß nicht unnötig unterbrochen wird und manuelle Eingriffe des Planers auf ein Minimum zu reduzieren sind. Dazu wurde in dieser Arbeit, die zwischen Fertigungsleitungs- und Ausführungsebene anzusiedelnde Funktionsebene der Fertigungsführung definiert, deren Funktionsumfang und Entscheidungsraum stark durch die kurzfristigen Reaktionsanforderungen des Fertigungssystems bzw. des Fertigungsprozesses geprägt ist. Ereignisse oder Störungen mit weitreichenden Auswirkungen auf die Abläufe im Fertigungssystem werden deshalb nicht durch die Fertigungsführung bearbeitet, sondern es erfolgt der Anstoß einer übergeordneten Planungsinstanz (Fertigungsleitung, PPS).

Sollen Veränderungen der Abläufe, der Betriebsmittel oder der Entscheidungsgrundlagen innerhalb des Fertigungssystems nicht jedesmal zur Neuerstellung oder Änderung der Steuerungssoftware des Leitsystems führen, ist die innerhalb des Fertigungssystems oder -prozesses geforderte Flexibilität auch auf die anzuwendenden Verfahren zur Planung und Steuerung zu übertragen. Deshalb wurde in dieser Arbeit für den Bereich der Kleinserienfertigung ein Verfahren zur "flexiblen Fertigungsführung" erarbeitet. Basierend auf einer graphischen Beschreibungsmethode kann das Abbild von Fertigungssystem und -prozeß anwendungsorientiert und benutzerfreundlich erstellt und gepflegt werden. Dazu gehört die Umsetzung der von der Fertigungsebene eingeplanten Werkstattaufträge in durchführbare Fertigungsaktivitäten für die Ausführungsebene, sowie die Bearbeitung von Planungsabweichungen und Störungen im Kurzfristbereich. Der geforderten Flexibilität bei der Auswahl auszuführender Fertigungsabläufe wird durch die Definition von Entscheidungsbedingungen Rechnung getragen, die es ermöglichen, einzusetzende Betriebsmittel und auszulösende Fertigungsoperationen erst zum aktuellen Zeitpunkt ihres Starttermins festzulegen. Die Schnittstelle zu den Betriebsmitteln der Ausführungsebene beinhaltet neben der Kommunikationstechnik und ihrer Anbindung an bestehende Standards und Protokolle auch die Kontrolle aller ausführenden Arbeitsstationen des Fertigungssystems sowie die sofortige Reaktion auf zeitkritische Prozeßereignisse bzw. deren Weiterleitung an die Funktionsbausteine der flexiblen Fertigungsführung bzw. an die übergeordneten technischen und organisatorischen Planungsebenen.

Die Tauglichkeit des vorgestellten Verfahrens wurde im Rahmen einer Anwendung zur Fertigung komplexer Maschinenbauprodukte nachgewiesen. Allerdings sind bei einer Übertragung des Verfahrens auf Anwendungsbereiche außerhalb der Kleinserienfertigung hinsichtlich der Beschreibungsmethode von Fertigungssystem und -prozeß noch weitere Untersuchungen notwendig. Ebenso bleibt zu prüfen, ob durch die Performancesteigerungen der Rechnerhardware bzw. neuer Softwaremethoden innerhalb der künstlichen Intelligenz zukünftig eine Ablösung der Entscheidungsbedingungen durch verkettete Regelwerke gegebenenfalls mit selbstlernenden Komponenten stattfinden kann. Für die systemtechnische Umsetzung der flexiblen Fertigungsführung lassen die bisherigen Forschungsergebnisse im Bereich Agentensysteme neue mögliche Ansätze erkennen, die einzelnen Funktionsbausteine als selbständige Agenten zu konzipieren, die sich über geregelte Kommunikationsmechanismen gegenseitig koordinieren. Da sich mit solchen Mitteln die Flexibilität der Fertigungsführung noch weiter verbessern ließe, werden zukünftige Forschungsergebnisse wertvolle Hinweise zur Weiterentwicklung des in dieser Arbeit vorgestellten Verfahrens geben können. Derzeit ist ihre Anwendung aufgrund der hohen Anforderungen an das zeitliche Reaktionsverhalten noch nicht in vollem Umfang möglich.

Für den Einsatz des hier beschriebenen Verfahrens zur flexiblen Fertigungsführung ist die informationstechnische Umsetzung der beschriebenen Funktionsbausteine sowie deren Verknüpfung notwendig. Die hierzu erforderlichen Softwarearbeiten sollen in diesem Zusammenhang nicht weiter ausgeführt werden, nähere Erläuterungen sind in /55, 86/ enthalten.

Die Integration der flexiblen Fertigungsführung in das Gesamtkonzept der Planung und Steuerung eines Fertigungssystems wird im folgenden am Beispiel einer Fertigung komlexer, mechanischer Präzisionsprodukte erläutert.

Typisierung des Anwendungsfalls	
Erzeugnisspektrum	Standarderzeugnisse ohne Varianten
Erzeugnisstruktur	mehrteilige Erzeugnisse mit komplexer Struktur
Auftragsauslösung	Produktion auf Bestellung mit Einmalaufträgen
Dispositionsart	kundenauftragsorientiert
Beschaffungsart	Fremdbezug unbedeutend
Fertigungsart	Kleinserienfertigung
Fertigungsablauf	Gruppen- und Werkstattfertigung
Fertigungsstruktur	große Fertigungstiefe

Bild 60:   Einordnung des Anwendungsfalls

Durchlaufzeiten bis zu 2 Jahren, Umlaufbestände von über 30 % des Jahresumsatzes, ein hoher Nacharbeitsanteil, sowie die ständige Änderung der Fertigungsabläufe zur material- und technologiebezogenen Optimierung der Teilefertigung waren für das Unternehmen die Auslöser zur Neugestaltung des Fertigungssystems einschließlich der damit verbundenen

Planungs- und Steuerungsabläufe. Unter der Zielvorgabe maximaler Flexibilität und Transparenz bei gleichzeitig stark reduzierten Liegezeiten entstand ein Systemkonzept mit folgenden Merkmalen:

- Die Arbeitsstationen wurden verrichtungs-, auslastungs- und qualitätsorientiert zu räumlichen Einheiten zusammengefaßt, um das vorhandene Mitarbeiterwissen zu konzentrieren (Meisterbereiche).

- Arbeitsstationen mit hoher Auslastung werden über die Meisterbereiche hinweg durch direkte Ankopplung an eine Logistikachse mit integrierter Lager- und Transportfunktion zu einer "virtuellen Gruppenfertigung" zusammengeschlossen.

- Durch ein dezentrales Leitstandssystem planen die Meisterbereiche in vorgegebenen Zeitrahmen ihre Mitarbeiter und Betriebsmittel autonom. Die Umsetzung der daraus resultierenden Werkstattaufträge einschließlich aller Bereitstellungs-, Transport- oder Entsorgungsvorgange werden durch die flexible Fertigungsführung in direktem Kontakt zur unterlagerten Steuerungsebene koordiniert und ausgelöst.

- Durch den Aufbau eigener Entscheidungskompetenz innerhalb der flexiblen Fertigungsführung soll die Anzahl manuell zu bearbeitender Konfliktfälle bei der Ausführung reduziert werden.

Bild 61 zeigt einen Ausschnitt des Fertigungssystems. In seiner Gesamtheit umfaßt es die Meisterbereiche NC-Bearbeitung, Erodieren, Fräsen, Schleifen, Bohren, Montage und Qualitätssicherung. Die Logistikachse besteht aus einem zentral in der Fertigung angeordneten Produktionslager für Vorrichtungen, Halbfabrikate und Baugruppen mit 1755 Palettenplätzen sowie 2 fahrerlosen Transportsystemen (FTS), die sowohl den innerbetrieblichen Transport aber auch die Funktion des Regalbediengerätes im Produktionslager übernehmen. Sie sind dazu mit einem Hubmast bis 3 m Höhe ausgestattet. Die Ver- bzw. Entsorgung der Arbeitsstationen mit Material, Werkzeugen, Vorrichtungen und Transporthilfsmitteln erfolgt für die 37 Arbeitsstationen mit hoher Auslastung der "virtuellen Gruppenfertigung" direkt aus dem Produktionslager via spezieller, maschinenzugeordneter Übergabeplätze; für die übrigen Arbeitsstationen mit Hilfe von 26 Übergabestationen in der Fertigung und den beiden FTS-Fahrzeugen.

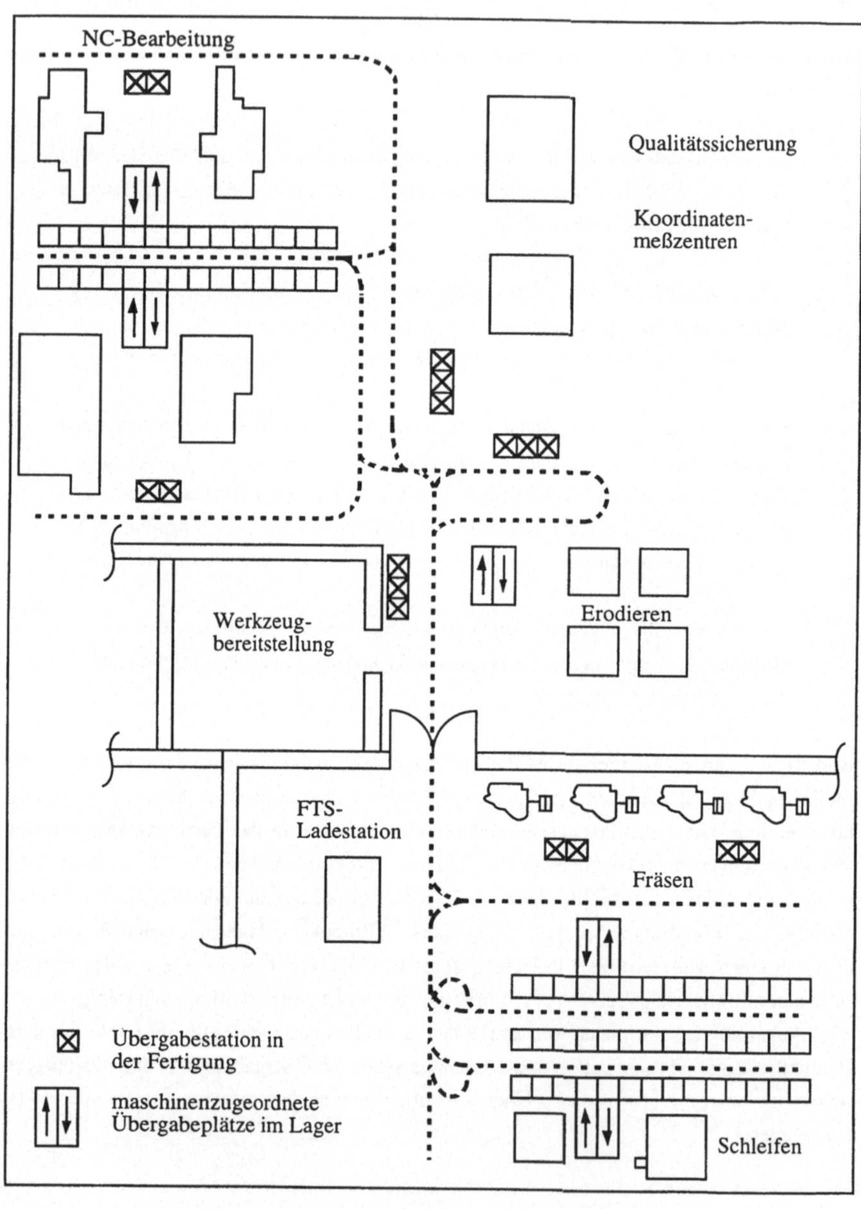

Bild 61:   Ausschnitt des Fertigungssystems

Zur Beschreibung der im Fertigungssystem ablaufenden Fertigungsprozesse existieren ca. 6.000 Arbeitspläne mit durchschnittlich 35 Arbeitsvorgängen (max. 150) pro Arbeitsplan. Die Fertigungslosgrößen schwanken zwischen 4 und 100 Stück (durchschnittlich 25), die durchschnittliche Dauer eines Arbeitsganges pro Los beträgt dabei 5 Stunden, kann sich aber bei besonders komplexen Bearbeitungsschritten bis auf 100 Stunden erhöhen. Erschwerend kommt für die Erstellung der Ablaufbeschreibung hinzu, daß manche Bearbeitungsschritte aufgrund ihrer extremen Präzisionsanforderungen nur von einigen wenigen Mitarbeitern und auch nur auf ganz bestimmten, diesen Mitarbeitern direkt zugeordneten Maschinen durchgeführt werden können. Unterschiedliche Materialstrukturen führen zum kurzfristigen Wechsel der Bearbeitungsverfahren (z. B. vom Fräsen zum Erodieren), um die geforderte Präzision zu erreichen. Innerhalb der Steuerungsarchitektur des Fertigungssystems beschäftigt sich deshalb die Leitstandsebene mit der Einplanung von Mitarbeitern, Maschinen und Vorrichtungen gemäß Standardabläufen und -belegungen, während sich die flexible Fertigungsführung mit allen Abweichungen während der Ausführung und sämtlichen Ver- und Entsorgungsabläufen beschäftigt. Dazu sind die Fertigungsaktionen der Leitstandsebene für die Ablaufbeschreibung der flexiblen Fertigungsführung weiter zu detaillieren. Jedes erste Teil eines Loses muß von der Qualitätskontrolle abgenommen werden, was nur zu einem geringen Teil direkt an der Maschine erfolgen kann, zumeist jedoch einen Transport des Teils an eines der 3D-Koordinatenmeßzentren erfordert. Die Entscheidung über den genauen Ablauf (Werkerselbstkontrolle oder Transport zur Qualitätskontrolle) ist abhängig von der Qualifikation der ausführenden Mitarbeiter, sie wird deshalb von der flexiblen Fertigungsführung erst zur Ausführungszeit auf Basis der letzlich zum Einsatz kommenden Mitarbeiter getroffen. Erst nach der Freigabe des Erstteils darf die Bearbeitung der restlichen Teile des Loses fortgesetzt werden. Nach jedem für die Funktion des Produktes relevanten Arbeitsgang wird das gesamte Los in der Qualitätskontrolle überprüft. Die dabei zum Einsatz kommenden 3D-Koordinatenmeßzentren vermessen jeweils mehrere hundert Meßpunkte. Eventuell beanstandete Werkstücke werden, entsprechend ihrer Abweichung, in verschiedenen Sonderabläufen einzeln durch die Fertigung geschleust und kommen nach erfolgreicher Nacharbeit entweder zu ihrem Produktionslos zurück, werden einem anderen Produktionslos zugeführt oder gehen als Einzelteil durch die Fertigung. Die flexible Fertigungsführung sorgt hierbei nur für die materialflußtechnische Abwicklung, die Einsteuerung dieser Werkstücke wird manuell von der Leitstandsebene angestoßen.

Bild 62 gibt eine Übersicht der für den Aufbau der Ablaufbeschreibung zu betrachtenden Fertigungsaktionsklassen. Nicht betrachtet sind in dieser Darstellung die Ressourcen, Maschinen, Transportsystem und Mitarbeiter. Die tiefergehende Detaillierung der Ablaufbeschreibung ist am Beispiel einer Fertigungsaktion aus dem Fertigungsprozeß eines Durchladegehäuses in

Bild 63 dargestellt. Bei der Abbildung wurden sowohl Alternativen im Materialfluß, bei der Ressourcennutzung und im zeitlichen Ablauf berücksichtigt. Nicht in den dargestellten Ablauf einbezogen sind Transport- und Lagerungsvorgänge, die für die Bereitstellung oder Entsorgung von Werkstücken, Fertigungs- und Transporthilfsmitteln anfallen, sowie Vorgänge zur Bearbeitung von auftretenden Störungen. Während im Detaillierungsniveau 1 die gesamte Fertigungsaktion auf dem Bohr-/Fräszentrum BF01 mit Hilfe des NC-Programms NC.12 komplett durchgeführt werden kann, werden im Detaillierungsniveau 2 die gesamten Fräsvorgängen - zusammengefaßt zu einer Fertigungsaktion f_{11} - manuell auf der Universalfräsmaschine UF03 gemäß der Arbeitsunterweisung AU.12 gefertigt; die noch verbleibenden Fertigungsschritte Senken, Bohren, Gewindeschneiden und Reiben übernimmt das Bohrwerk BW04 mit automatischer Werkzeugwechseleinrichtung gemäß dem NC-Programm NC.14. Das Detaillierungsniveau 3 bildet die einzelnen Frässtationen von f_{11} gesondert ab, sodaß eine personelle oder kapazitive Aufteilung dieser Tätigkeiten mit entsprechender Fortschrittskontrolle erfolgen kann.

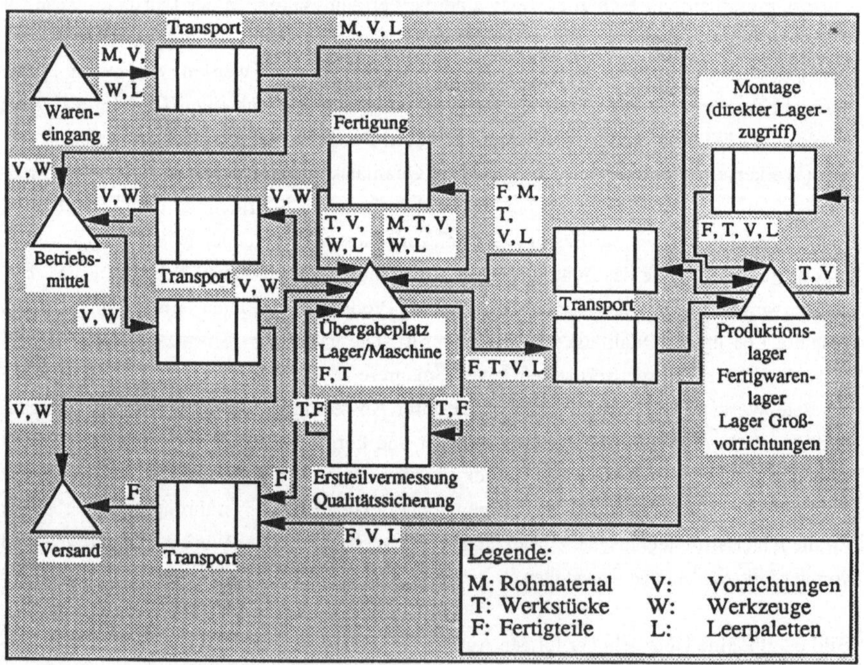

Bild 62:   Klassen von auszuführenden Fertigungsaktionen

Jedes Detaillierungsniveau stellt eine Durchführungsalternative dar, die durch Auswertung der erweiterten Bedingungsterme d_{f1}, d_{f11}, d_{f21} ausgewählt und gestartet werden kann, für die gilt:

- d_{f1} = ([$S_{m1}(t)$ = "Maschine bereit"] $\wedge$ [$S_{p1}(t)$ = "Herr Müller frei"] $\wedge$
  [$S_{w1\text{-}5}(t)$ = "Werkzeug bereit"] $\wedge$ [$S_{v1}(t)$ = "Vorrichtung bereit"] $\wedge$
  [$S_{m3}(t)$ = "Maschine gestört"] $\wedge$ [card (DLG.10) $\geq$ 20]) $\wedge$
  [AUFTRAG_STATUS (a_1) = "Auftrag freigegeben"]

- d_{f11} = ([$S_{m2}(t)$ = "Maschine bereit"] $\wedge$ [$S_{w4}(t)$ = "Werkzeug bereit"] $\wedge$
  [$S_{v1}(t)$ = "Vorrichtung bereit"] $\wedge$ [$S_{m3}(t)$ = $\neg$"Maschine gestört"] $\wedge$
  [card (DLG.10) $\geq$ 20]) $\wedge$ [AUFTRAG_STATUS (a_1) = "Auftrag freigegeben"]

- d_{f21} = ([$S_{mx}(t)$ = "Maschine bereit"] $\wedge$ [$S_{w4}(t)$ = "Werkzeug breit"] $\wedge$
  [$S_{v1}(t)$ = "Vorrichtung bereit"] $\wedge$ [$S_{m2}(t)$ = "Maschine gestört"] $\wedge$
  [$S_{m1}(t)$ = "Maschine gestört"] $\wedge$ [card DLG.10) $\geq$ 20]) $\wedge$
  [AUFTRAG_STATUS (a_1) = "Auftrag freigegeben"]

  mit: DLG.10 : d_{f1} = f_1
  DLG.10 : d_{f11} = f_{11}
  DLG.10 : df_{21} = f_{21}

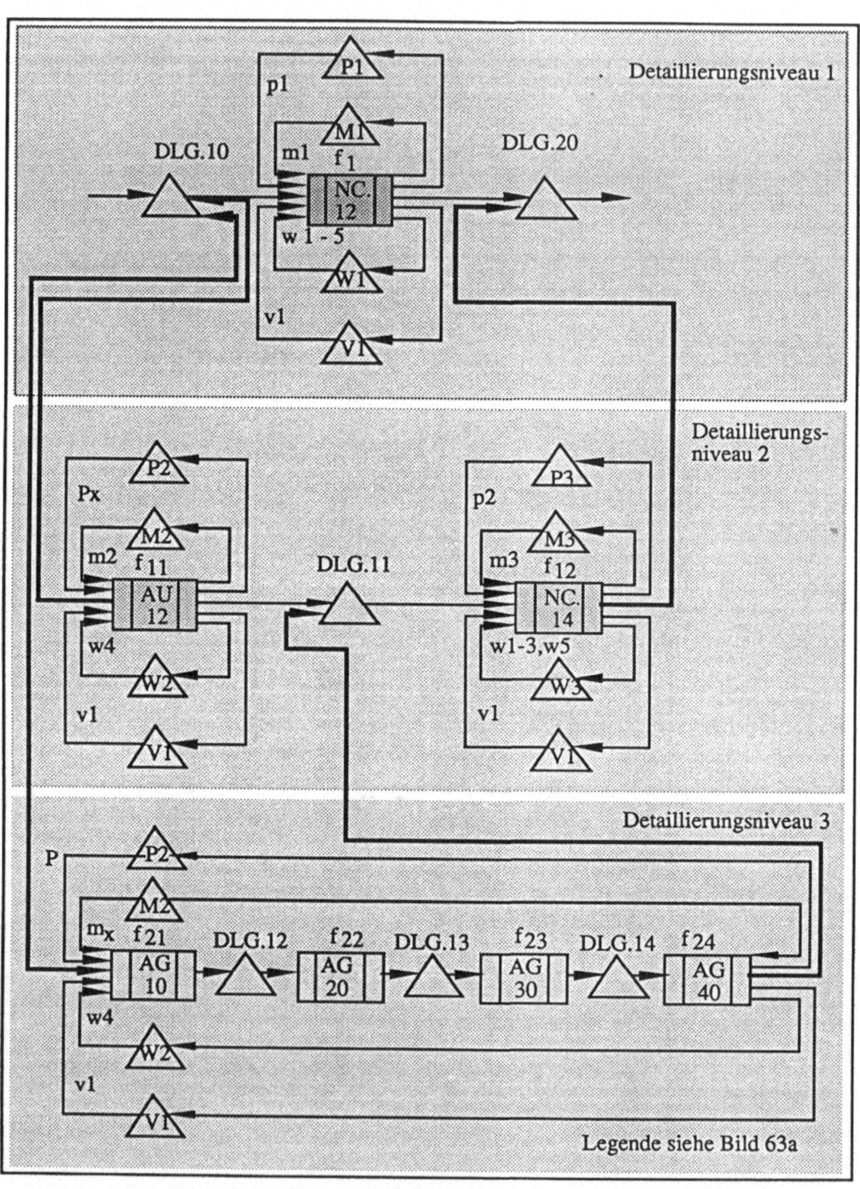

Bild 63: Auszug des Fertigungsprozeßabbildes in verschiedenen Detaillierungsniveaus

DLG.XX	:Durchladegehäuse, Zustand XX
P1, P2, P3	: Facharbeiterpools je Maschinengruppe
p1, p2, p3	: Facharbeiter
px	: beliebige Facharbeiter des jeweiligen Facharbeiterpools
M1, M2, M3	: Maschinengruppen
m1	: Bohr-/Fräszentrum BF 01
m2	: Universalfräsmaschine UF 03
m3	: NC-Bohrwerk BW 04
mx	: beliebige Maschine der jeweiligen Maschinengruppe
W1	: Werkzeugspeicher BF 01
W2	: Fräswerkzeuge
W3	: Werkzeugspeicher BW 04
w1	: Senkbohrer ø 10
w2	: Bohrer ø 8
w3	: Gewindeschneider M 8
w4	: Fräskopf F 03
w5	: Reibwerkzeug 08
V1	: Vorrichtungen DLG
v1	: Spannvorrichtung 01
NC.12	: NC-Programm NC.12 für BF01, W1

NC.12:

10 Ansenken, w1
20 Bohren, w2
30 Fräsen Fase beidseitig, w4
40 Fräsen Schräge Seite 1, w4
50 Fräsen Schräge Seite 2, w4
60 Bohren, w2
70 Gewindeschneiden, w3
80 Fräsen Eintauchschlitz, w4
90 Reiben 30 Grad, w5

NC.14 : NC-Programm NC.14 für BW04, W3

10 Ansenken, w1
20 Bohren, w2
30 Gewindeschneiden, w3
40 Reiben 30 Grad, w5

AU.12 : Arbeitsunterweisung

AG 10 Fräsen Fase beidseitig, w4
AG 20 Fräsen Schräge, Seite 1, w4
AG 30 Fräsen Schräge, Seite 2, w4
AG 40 Fräsen Eintauchschlitz, w4

Bild 63a: Legende zu Bild 63

Zur Auswahl und zum Start einer Alternative wird hier zunächst der aktuelle Betriebszustand der ersten verwendeten Maschine der Fertigungssequenz überprüft, sowie die lokale Verfügbarkeit von Werkstücken, Werkzeugen und Vorrichtungen im Speicher bzw. Bereitstellpuffer dieser Maschine festgestellt. Die Bedienung des Bohr-/Fräszentrums BF01 kann für diese Fertigungsaktion ausschließlich durch den speziell geschulten Facharbeiter p_1 erfolgen. Deshalb muß seine Verfügbarkeit für die Auswahl von f_1 geprüft werden. Alle anderen Fertigungsvorgänge können von beliebigen Mitarbeitern des jeweiligen Facharbeiterpools durchgeführt werden. Aus Kosten- und Kapazitätsaspekten sollte das Bohr-/Fräszentrum BF01 für diese Fertigungssequenz nur in Ausnahmefällen eingesetzt werden (NC-Bohrwerk BW04 gestört). Die Fertigungsoperation f_{21} wird nur ausgewählt, wenn sowohl das Bohr-/Fräszentrum BF01 wie auch die Universalfräsmaschine UF03 gestört sind. In diesem Fall wird eine verfügbare Maschine der Maschinengruppe M2 ausgewählt, die Bearbeitung der Fertigungsoperation erfolgt dann manuell mit fallspezifischem Umrüsten bzw. Maschinenwechsel.

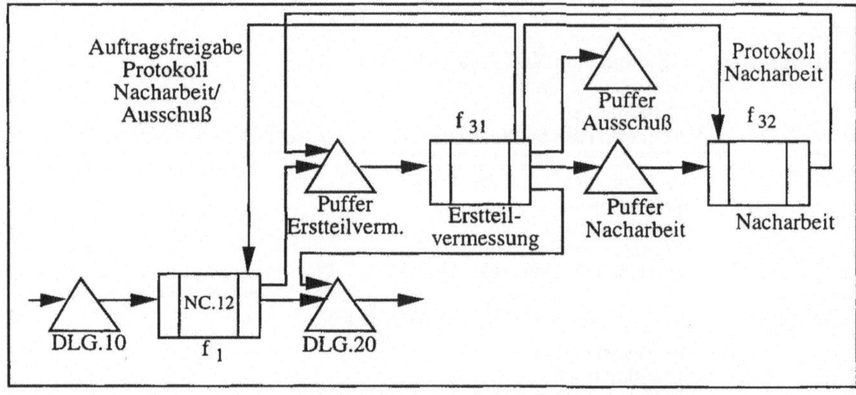

Bild 64:   Steuerungsinformationsfluß am Beispiel Erstteilvermessung

Ergänzend zu Bild 63 zeigt Bild 64 einen Auszug des Steuerungsinformationsflusses am Beispiel der Erstteilvermessung. Die Verteilbedingung der Ausgangssteuerung des Operationsknotens f_1 führt das erste Teil jedes Auftrags der Erstteilvermessung zu und sperrt gleichzeitig die weitere Auftragsabarbeitung [STATUS_AUFTRAG (a_1) = "Auftrag gesperrt"]. Nach Durchführung der Erstteilvermessung erfolgt in der Ausgangssteuerung des Operationsknotens f_{31} die Verteilung entsprechend des Teilestatus in Ausschußteile [STATUS_TEIL (t_1) =

"Teil Ausschuß"], Teile für Nacharbeit [STATUS_TEIL (t_1) = "Teil Nacharbeit"] oder freigegebene Teile [STATUS_TEIL (t_1) = "Teil ok"]. Gleichzeitig wird, abhängig vom Teilestatus, eine entsprechende Meldung im Rahmen des Steuerungsinformationsflusses an die Eingangssteuerung des jeweils nachfolgenden Operationsknotens übertragen. Wird das Teil von der Erstteilvermessung freigegeben, wird der Auftragsstatus geändert [STATUS_AUFTRAG (a_1) = "Auftrag freigegeben"] und die Bearbeitung fortgesetzt. Bei Nacharbeit wird ein Nacharbeitsprotokoll als Meldung an die Eingangssteuerung des Operationsknotens f_{32} gesendet und die Ausführung von f_{32} freigegeben. Da bei Nacharbeits- und Ausschußteilen eine erneute Erstteilvermessung notwendig ist, ergeht in beiden Fällen eine Meldung an die Eingangssteuerung des Operationsknotens f_1. Diese Meldung setzt den Status der Erstteilvermessung zurück, so daß der Vorgang wiederholt werden kann. [STATUS_ERST_TVERM (a_1, f_1) = "Vorgang wiederholen].

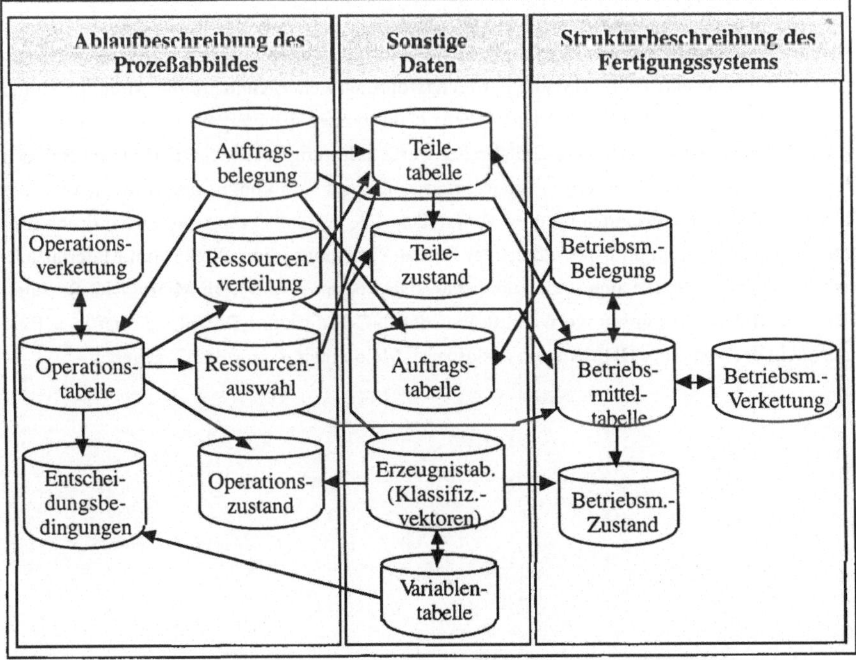

Bild 65:   Datenstruktur der flexiblen Fertigungsführung

Alle Daten der Ablaufbeschreibung und des Zustandsabbildes von Fertigungssystem und -prozeß sind in einer zentralen Produktionsdatenbank auf Basis des relationalen Datenbanksystems ORACLE gespeichert. Bild 65 zeigt den für die flexible Fertigungsführung relevanten Ausschnitt der Struktur dieser Datenbank sowie die Verkettungen der Datentabellen. Die Gesamtfunktionalität der flexiblen Fertigungsführung ist im Anwendungsfall als ein Baustein des zentralen Fertigungsleitstands implementiert worden. Die Architektur des gesamten Informationssystems ist in Bild 66 dargestellt.

Vom übergeordneten Planungssystem werden die Aufträge eines sechswöchigen Zeitfensters an den zentralen Fertigungsleitstand übergeben, der eine Einlastung der Aufträge entsprechend der planerischen Verfügbarkeit von Personal, Maschinen und kritischen Vorrichtungen bzw. Werkzeugen durchführt. Für das sechswöchige Zeitfenster sind insgesamt ca. 7000 Werkstattaufträge einzuplanen. Für die jeweils aktuelle Woche erfolgt pro Meisterbereich eine weitergehende Detaillierung der Belegung mit Hilfe der Meisterleitstände. Dadurch können kurzfristige Änderungen aufgrund des genaueren Kenntnisstands des Meisters in die Planung eingebracht werden. Die letztlich daraus resultierenden Termine werden gemeinsam mit dem PPS-Termin an die flexible Fertigungsführung weitergeleitet. Dort erfolgt abhängig vom aktuellen Zustand des Fertigungssystems bzw. -prozeß die Freigabe der einzelnen Fertigungsaktionen und -operationen. Gleichzeitig werden Störungen oder Sonderfälle im Rahmen der in der Ablaufbeschreibung gespeicherten Alternativen autonom abgewickelt und alle Transportaktivitäten ereignisorientiert angestoßen. Die Aktualisierung des Zustandsabbildes von Fertigungssystem und -prozeß erfolgt für das Transportsystem direkt vom Materialflußrechner, sonst – manuell angestoßen über eine BDE-Station – vom BDE/MDE/DNC-Rechner, der auch die NC-Programmverwaltung und den NC-Programm Download ausführt. Eine Übersicht der von einer BDE-Station auslösbaren Meldungen ist in Bild 67 gegeben.

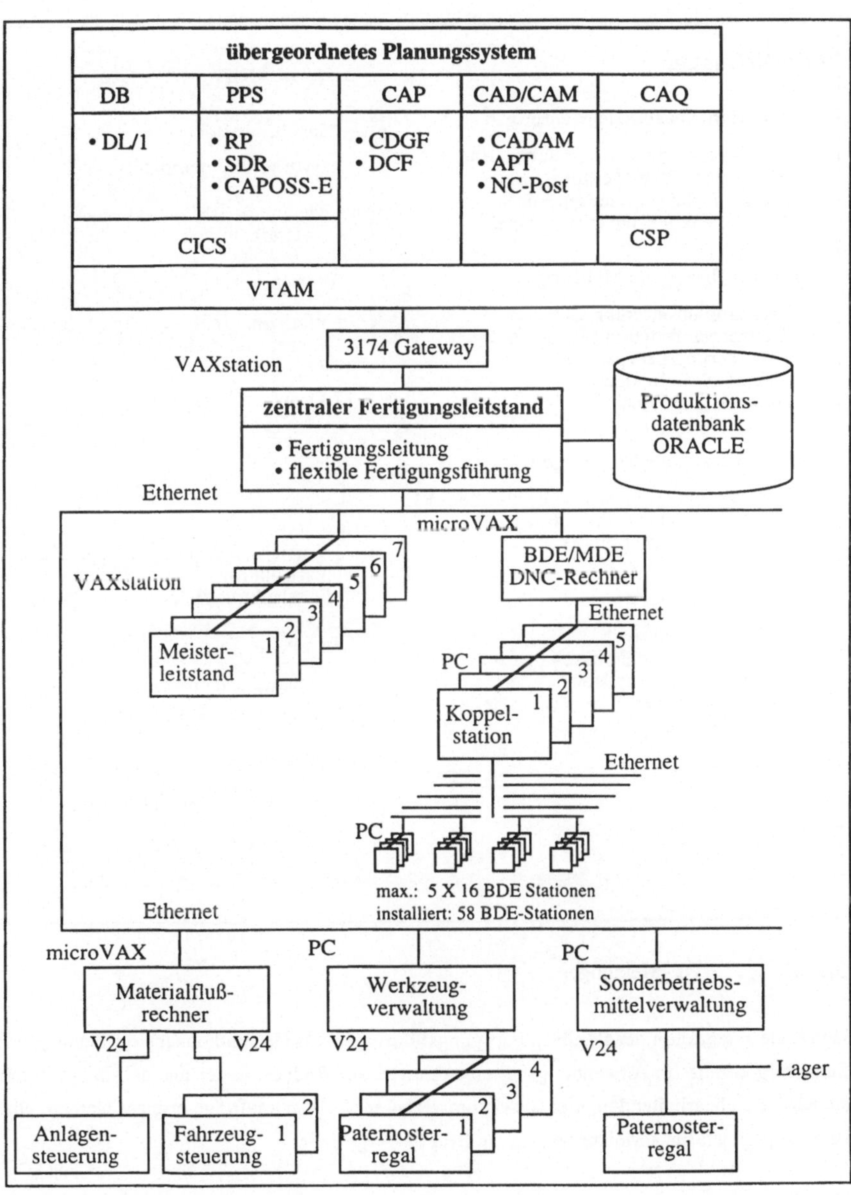

Bild 66:   Architektur des Informationssystems

<table>
<tr><td>

BDE-Meldungen

• **Verrichtungsbezogene Meldungen**

  - Auf-/Abrüsten (Start, Teilfertig, Ende)
  - Bearbeiten (Start, Teilfertig, Ende)
  - Maschinenkontrolleur anfordern
  - Maschinenkontrolle (Start, Ende)

• **transportbezogene Meldungen**

  - Transportanforderung Gebinde
  - Transportanforderung Leerpalette
  - Anforderung Leerpalette
  - Pufferfach freimelden
  - Gebinde anmelden

• **störungsbezogene Meldungen**

  - Störung Werker (Start, Teilfertig, Ende)
  - Störung Maschine (Start, Ende)
  - Störungsquittung Meister

• **sonstige Meldungen**

  - Auftrag anfordern
  - geplante Anwesenheitszeit übermitteln
  - Ministammsätze updaten
  - Kommen Werker
  - Gehen Werker

</td><td>

Störungsarten

• **Maschinenstörung**

  - Hydraulik, Pneumatik
  - Elektrik
  - Mechanik
  - Instandhaltung

• **Werkzeug**

  - Werkzeug fehlt, fehlerhaft, falsch
  - Werkzeugbruch

• **Material, Werkstück**

  - Material fehlt, fehlerhaft, falsch
  - Härteverzug

• **Vorrichtung**

  - Vorrichtung fehlt, fehlerhaft, falsch
  - Verschleiß
  - konstruktiver Fehler

• **NC-Programm**

  - Programm fehlt, fehlerhaft, falsch
  - Programmänderung

• **Kontrolle**

  - Wartezeit auf Erstteilvermessung
  - Wartezeit auf Kontrolle
  - Wartezeit auf Erstteil

</td></tr>
</table>

Bild 67:   BDE-Meldungen

Durch die Integration der flexiblen Fertigungsführung in das Gesamtkonzept zur Planung und Steuerung konnte im Anwendungsfall eine dramatische Reduktion der manuell in der Werkstattebene zu bearbeitenden, nicht direkt umsetzbaren Werkstattaufträge erreicht werden. Dies ist exemplarisch für 3 Meisterbereiche in Bild 68 dargestellt.

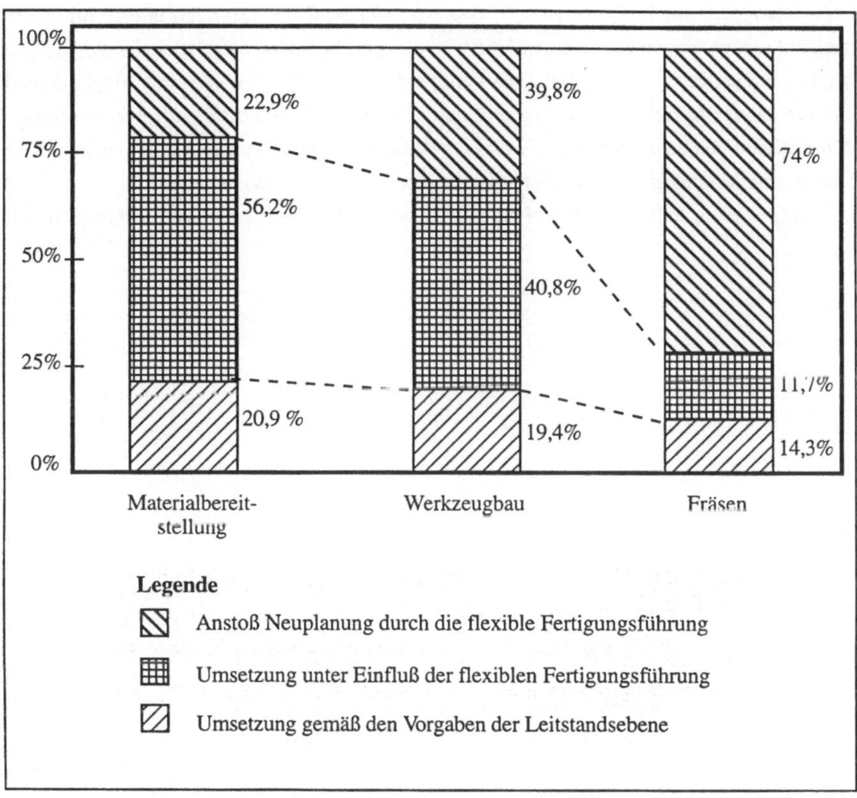

Bild 68:   Durchführungsanalyse eines Planungslaufs

Während bei der Materialbereitstellung aufgrund nicht durchgeführter Einplanung von Ver- und Entsorgungsvorgängen durch die Leitebene 56, 2 % der Fertigungsaktionen erst durch terminliche oder kapazitive Veränderungen in der flexiblen Fertigungsführung umgesetzt werden konnten, ist beim Werkzeugbau durch die Universalität der Maschinen ein großes Spektrum an alternativ einzusetzenden Ressourcen und Abläufen möglich, die Kapazitäten jedoch insgesamt begrenzt. Dies zeigt sich einerseits in dem hohen Anteil von Werkstattaufträgen, die nach den Vorgaben der Leitstandsebene nicht umsetzbar waren (80, 6 %), andererseits im Potential der flexiblen Fertigungsführung für immerhin die Hälfte dieser Fälle noch eine andere Lösung zur Durchführung zu finden. Die für den Meisterbereich Fräsen dargestellte Ausführungssituation basiert auf einem krankheitsbedingten

Personalengpaß, durch den in einer Woche von 154 Werkstattaufträgen nur 40 umgesetzt werden konnten, davon 22 nach den Vorgaben des zugehörenden Meisterleitstands, 18 durch Veränderungen innerhalb der flexiblen Fertigungsführung. Bei 7 Werkstattaufträgen konnte ein alternativer Mitarbeiter die Ausführung übernehmen, 11 Werkstattaufträge wurden auf Alternativmaschinen durchgeführt, 9 mal mußte die terminliche Situation durch eine partielle Umplanung verändert werden. Der überwiegende Anteil der Werkstattaufträge von 74 % konnte in diesem Fall nur durch Neuplanung mit zusätzlicher Personalkapazität umgesetzt werden.

10   Literatur

/1/   Warnecke, H.- J.:
Taylor und die Fertigungstechnik von morgen.
In: Schriftliche Fassung der Vorträge zum Fertigungstechnischen
Kolloquium, Stuttgart 1985, S. 1 - 12.
Berlin, Heidelberg, New York, London, Paris, Tokyo: Springer, 1985.

/2/   Warnecke, H.- J.; Dangelmaier, W.:
Produktionssteuerung als logistisches Instrument.
In: 4. Internationaler Logistik-Kongreß, Dortmund 1983, S. 83 - 89,
Hrsg.: R. Jünemann.

/3/   Kühnle, H:
Produktionsmengen- und -terminplanung bei mehrstufiger Linienfertigung.
Dissertation TU Stuttgart.
Berlin, Heidelberg, New York, London, Paris, Tokyo: Springer, 1987.

/4/   Lutz, P.:
Hierarchische Leitsysteme für die rechnerintegrierte Auftragsabwicklung.
Dissertation TU München.
Berlin, Heidelberg, New York, London, Paris, Tokyo: Springer, 1988.

/5/   Zörntlein, G.:
Flexible Fertigungssysteme.
München, Wien: Hanser, 1988.

/6/   Erkes, K. F.:
Gesamtheitliche Planung flexibler Fertigungssysteme mit Hilfe von
Rechnermodellen.
Dissertation RWTH Aachen.
Berlin, Heidelberg, New York, London, Paris, Tokyo: Springer, 1988.

/7/   Spur, G.:
Entwicklungstendenzen rechnerintegrierter Fabrikstrukturen in Europa.
In: Flexible Automatisierung und Produktionstechnik und Automatisierung,
Vorträge zum Internationalen Kongreß für Metallbearbeitung, Hannover 1985.

/8/   Eversheim, W.; Brachtendorf, T.:
        CIM-Veränderungen in der Produktion.
        Industrie-Anzeiger Extra, NC-Technik, 1987.

/9/   Helberg, P.:
        PPS als CIM-Baustein - Gestaltung der Produktionsplanung und -steuerung
        für die computerintegrierte Produktion.
        In: Krallmann, H.: Betriebliche Informations- und Kommunikationssysteme.
        Berlin: Schmidt, 1987.

/10/   Warnecke, H.-J. :
        Der Produktionsbetrieb.
        Berlin, Heidelberg, New York, London, Paris, Tokyo: Springer, 1984.

/11/   Dangelmaier, W.:
        Konzepte für Systeme der Produktionslogistik.
        In: Tagungsbericht Produktionslogistik '90, München 1990.

/12/   Kämpf, R.:
        Concept of Manufacturing Control for a Highly Automated Factory.
        Proceedings of the 8th Conference on Production Research, Stuttgart.
        Berlin, Heidelberg, New York, London, Paris, Tokyo: Springer, 1985.

/13/   Zäpfel, G.:
        Produktionswirtschaft.
        Berlin, New York: de Gruyter, 1982.

/14/   N.N.:
        Fertigungsleitstands-Report.
        Hrsg.: Ploenzke Informatik und Institut für angewandte Informatik der European
        Business School e.V.
        Wiesbaden: 1990.

/15/   Ellinger, T.; Wildemann, H.:
        Planung und Steuerung der Produktion aus betriebswirtschaftlich,
        technologischer Sicht.
        Wiesbaden: Gabler, 1978.

/16/   Hackstein, R.:

Produktionsplanung und -steuerung (PPS) - Ein Handbuch für die Betriebspraxis.

Düsseldorf: VDI, 1984.

/17/   Wiendahl, H. P.:

Integration von PPS-Systemen in CIM-Konzepte.

In: Rechnerintegrierte Konstruktion und Produktion, VDI-Berichte Nr. 611.

Düsseldorf: VDI, 1986.

/18/   Speith, G.:

Beurteilung und Auswahl von PPS-Systemen.

In: VDI-Berichte Nr. 452.

Düsseldorf: VDI, 1982.

/19/   Helberg, P.:

Anforderungen an PPS-Systeme für CIM Realisierungen.

CIM-Management 4/86.

/20/   Ropohl, G.:

Flexible Fertigungssysteme.

Mainz: Krausskopf 1971.

/21/   Stute, G.:

Flexible Fertigungssysteme.

wt - Z. ind. Fertigung 64, 1974.

/22/   Junghans, W.:

Planung neuer Fertigungssysteme für die Einzel- und Serienfertigung.

Dissertation RWTH Aachen.

Berlin, Heidelberg, New York, London, Paris, Tokyo: Springer, 1971.

/23/   Scharf, P.:

Strukturen flexibler Fertigungssysteme.

Mainz: Krausskopf, 1976.

/24/   Eversheim, W.; Erkes, K. F.:

Strukturen flexibler Fertigungsanlagen.

In: Tagungsband "Flexible Fertigung" des schweizerischen Verbandes für Arbeitsstudien (SVBF).

Zürich: SVBF, 1987.

/25/   N.N.:

RECAM-S - Fertigungsleitsystem und integrieter BDE für stückzahl-orientierte Fertigungen.

Systembeschreibung RECAM-S (1990).

Hrsg.: Fa. mbp, Dortmund.

/26/   N.N.:

ProduCAM-Fertigungsleittechnik.

Produktspezifikation ProduCAM (1987).

Hrsg.: Fa. Asea Brown Boveri (ABB), Mannheim.

/27/   N.N.:

JOBPLAN-Leitstandssystem.

Produktbeschreibung JOBPLAN (1990).

Hrsg.: Fa. Siemens, München.

/28/   Lamatsch, A.; Morlock, M.; Neumann, K.; Rubach, T.:

SCHEDULE an Expert-System for Machine Scheduling.

In: Keeny, R. L.; Möhring, R.-H.; Ottwang, H.; Rademacher, F. J.; Richter, M. M.:

Multi-Attribute Descision Making via OR-based Expert-Systems.

Annuals of Operation Research, 1987.

/29/   Stute, G.:

Steuerungstechnik.

In: Warnecke, H.-J; Lange. K.; Stute, G.: wt-Weiterbildung Technik.

Berlin, Heidelberg, New York, London, Paris, Tokyo: Springer, 1981.

/30/ N.N.:

Elektronische Datenverarbeitung bei der Produktions-
planung und -steuerung.
In: VDI Taschenbücher, Band T77.
Düsseldorf: VDI, 1978.

/31/ Bauer, E.:

Beitrag zur Systematik und Auslegung rechnergeführter Steuerungssysteme (DNC).
Dissertation TU Stuttgart.
Berlin, Heidelberg, New York, London, Paris, Tokyo: Springer, 1975.

/32/ Westkämper, E.:

Werkstattsteuerung und Leittechnik in der logistischen Produktion.
In: Produktionslogistik - Leittechnik in der rechnergeführten Produktion,
VDI-Berichte Nr. 890.
Düsseldorf: VDI, 1991.

/33/ Rappich, W.:

Werkstattsteuerung im Rahmen der Fertigungsleittechnik.
In: Produktionslogistik - Leittechnik in der rechnergeleiteten Produktion
VDI-Berichte Nr. 890.
Düsseldorf: VDI, 1991.

/34/ N.N.:

PPS-Studie - Eine detaillierte Untersuchung von Produktionsplanungs- und
Steuerungssystemen.
Band 1 - 3 (1983).
Hrsg.: Fa. EDV-Studio Ploenzke, Wiesbaden.

/35/ Scheer, A. W.:

CIM - Der computergesteuerte Industriebetrieb.
Berlin, Heidelberg, New York, London, Paris, Tokyo: Springer, 1987.

/36/ Mertins, K.:

Steuerung rechnergeführter Fertigungssysteme.
In: Produktionstechnik Berlin.
München, Wien: Hanser, 1985.

/37/ N. N.:
Integrierter EDV-Einsatz in der Produktion.
CIM - Begriff, Definitionen, Funktionszuordnungen.
Hrsg.: AWF, Eschborn.

/38/ Milberg, J.; Klippel, C.:
Automatisierte Fertigung - das Münchner Modell.
Zeitschrift für Logistik, Nr. 2, 1985.

/39/ Milberg, J.; Groha, A.:
Der Zellengedanke als Strukturierungsprinzip in Informations- und Materialfluß
flexibler Fertigungssysteme.
ZwF, 81, 1986.

/40/ N.N.:
Handbuch der Arbeitsvorbereitung.
Hrsg.: AWF, REFA.
Berlin: Beuth, 1968.

/41/ Milberg, J.:
Rechnerintegrierter Konstruktion und Produktion.
Industrieanzeiger 108, 1986.

/42/ Schulte, J.:
Werkstattsteuerung mit genetischen Algorithmen und simulativer Bewertung.
Berlin: Springer-Verlag, 1995.

/43/ Dangelmaier, W.; Wiedenmann H.:
Modell der Fertigungssteuerung. Hrsg.: H. J. Warnecke, R. Schuster und
DIN Deutsches Institut für Normung e. V.
Berlin, Zürich: Beuth-Verlag, 1993.

/44/ Baumgarten, B.:
Petri-Netze - Grundlagen und Anwendungen.
Mannheim BI-Verlag: 1990.

/45/   Pritschow, G. u. a.:
         Studie über die Auswahl von einheitlichen Entwurfs- und Entwicklungs-
         werkzeugen zur Sotfwareentwicklung und durchgängigen Softwaredokumen-
         tation für eine Fertigungszelle.
         Frankfurt: VDW Bericht, 1991.

/46/   Henscher, A.; Grimm, W.; Storr, A.; Reichenbächer, W.:
         Systematische Softwareerstellung für Steuerungen.
         Schriftliche Form der Vorträge zum Fertigungstechnischen Kolloquium 1991
         am 1./2. Oktober in Stuttgart.
         Berlin: Springer, 1990.

/47/   Kämpf, R.: Gienke, H.:
         Sanierung von PPS-Systemen.
         Planung und Produktion 11/93, s. 21-24.

/48/   Warnecke, H.-J.; Giuliani, O.; Maier, U.; Nieß, P. S.:
         Fertigungssteuerung bei flexiblen Fertigungssystemen.
         wt-Z ind. Fertigung 64, 1974.

/49/   Hesselbach, J.:
         Leittechnik für automatisierte Produktionssysteme.
         In: Produktionstechnik - Leittechnik in der rechnergestützten Produktion,
         VDI-Bericht Nr. 890.
         Düsseldorf: VDI, 1991.

/50/   Dangelmaier, W.; Kühnle, H.:
         Synchronisation des Fertigungsprozesses - Voraussetzung für die
         Just in Time-Fertigung.
         Industrieanzeiger, 72, 1987, S. 16-25.

/51/   Harrison, M. C.:
         The Concepts of Optimized Production Technology, OPT - The Way Forward.
         Report of Creative Output Ltd., 1985.

/52/   Fox, R. F.:
MRP, KANBAN or OPT. What's Best?
Inventories an Production Magazine, 1982.

/53/   Mertens, P.; Heigl. M.:
Neuere Entwicklungen der computergestützten Produktionsplanung,
Eignung - Verbindungen - Entwicklungspfade.
Arbeitsberichte des Instituts für math. Maschinen- und Datenverarbeitung
an der TU Nürnberg, Band 17, 1984.

/54/   Kämpf, R.:
Überlegungen und Maßnahmen im Vorfeld einer LAN-Installation.
In: Tagungsband "Fabrikkommunikation mit lokalen Netzwerken (LAN)",
Stuttgart 1987.
Hrsg.: VDI.

/55/   Kämpf, R.; v. d. Heide, W.; Burg, G.:
CIM ist machbar.
Fertigung, Heft 9, 1991, Seite 54 - 61.

/56/   Warnecke, H.-J.; Dangelmaier, W.; Kühnle, H.:
Disposition von Stückgutprozessen - Versuch einer Systematisierung.
Teil 1: Aufbau und Abarbeitung des Dispositionsstruktur.
wt Werkstatttechnik 79 (1989) 2, S. 76 - 78.
Teil 2: Auftragsbildung und Stand der Technik.
wt Werkstatttechnik 79 (1989) 3, S. 173 - 176.

/57/   Kamenetzky, R.:
Successfull MRP II Implementation can be Completed by
Smart Scheduling, Sequencing Systems.
IE, 1985.

/58/   Findler, N.:
Associative Networks.
New York: Academic Press, 1979.

/59/   Trost, H.:
Wissenschaftsrepräsentation in der AI am Beispiel semantischer Netze.
In: Retti, J.: Artificial Intelligence, Reihe: Leitfaden in der Informatik.
Stuttgart: Teubner, 1984.

/60/   Laubusch, J.:
Techniken der Wissenschaftsdarstellung.
In: Hobel, C.: Künstliche Intelligenz.
Berlin, Heidelberg, New York, London, Paris, Tokyo: Springer, 1984.

/61/   Brachmann, R.:
The KLONE Reference Manual.
In: BBN-Report, Nr. 3848, Cambridge 1978.

/62/   Mensel, G.:
Möglichkeiten des Einsatzes wissensbasierter Systeme in der Fertigung.
ZwF 80, Nr. 11, 1985.

/63/   Bourne, D. A.:
CML: A Auto-Interpreter for Manufacturing.
In: AI-Magazine Vol7, No. 4, 1986.

/64/   Zimmermann, G.:
PPS-Methoden auf dem Prüfstand.
Landsberg: Moderne Industrie, 1987.

/65/   Haag, W.:
Produktionsmengen- und -terminplanung.
Reihe: Interdisziplinäre Systemforschung, Band 78.
Köln: TÜV Rheinland, 1983.

/66/   Noltemaier, H.:
Graphentheorie.
Berlin, New York: de Gruyter, 1976.

/67/ DIN-Fachbericht 21: Schnittstellen der rechnerintegrierten Produktion (CIM).
      Fertigungssteuerung und Auftragsabwicklung.
      Berlin: Beuth, 1989.

/68/ Döttling, J.W.; Firnau, J.:
      Steuerung des Fertigungsablaufs und des Materialflusses
      in Flexbilen Fertigungssystemen.
      wt-Z. ind. Fertigung 67, 1977.

/69/ Chen, P. P. S.:
      The Entity - Relationship Model - Toward a Unified View of Data.
      ACM - Transactions on Database Systems, 1976.

/70/ Senko, M. E.:
      Data Structure and Data Accessing in Database Systems - Part-Present-Future.
      IBM Systems. Journal, 16, Heft 3, 1977.

/71/ Härder, T.:
      Informationssysteme I und II.
      Skriptum zur gleichlautenden Vorlesung.
      Universität Kaiserslautern.

/72/ N.N.:
      FINALE - Werkstattsteuerungssystem.
      Produktblätter FINALE (1990).
      Hrsg.: Fraunhofer-Institut IPA, Stuttgart.

/73/ Codd, E. F.:
      Data Models in Data Base Management.
      ACM - SIGMOD Conference 1980.

/74/ Hackl, C.:
      Schaltwerk- und Automatentheorie.
      Reihe: Sammlung Göschen, Band 6011und 7011.
      Berlin, New York: de Gruyter, 1973.

/75/   CIM-AG, Arbeitskreis 4.3: Integriertes Informationsmodell der Auftragsabwicklung.
Dokument AK 4.3/B 88/89 (1989).
Hrsg.: Fraunhofer-Institut IPK Berlin.

/76/   Autorengemeinschaft:
Sonderforschungsbereich 158 - Die Montage im flexiblen Produktionsbereich.
Teilprojekt B 3, Ergebnisbereicht 1993-1994-1995.
Stuttgart: Eigenverlag, 1995.

/77/   Wiendahl, H.-P.:
Betriebsorganisation für Ingenieure.
München, Wien: Hanser, 1986.

/78/   Kämpf, R.:
New considerations with respect to control methods
for flexible manufacturing systems.
In: Tagungsband "Mathematischer Kongress", Bratislava 1991.

/79/   Niewerth, H.; Schröder, J.:
Lexikon der Planung und Organisation.
Hamburg: Quickborner Team, 1968.

/80/   Pichler, F.:
Mathematische Systemtheorie. Dynamische Konstruktionen.
Berlin, New York: de Gruyter, 1975.

/81/   Buslenko, N. P.:
Modellierung komplizierter Systeme.
Würzburg: Physica, 1972.

/82/   Storr, A.:
Grundlagen der Prozeßrechentechnik.
Skriptum zur gleichlautenden Vorlesung.
Universität Stuttgart (ISW).

/83/   Pritschow, G.:
Steuerungstechnik.
Skriptum zur gleichlautenden Vorlesung.
Universität Stuttgart (ISW).

/84/   N. N.:
FMC - Flexible Manufacturing Cell.
Leistungsbeschreibung FMC (1986).
Hrsg.: Fa. Siemens, München.

/85/   N.N.:
Methodenlehre der Planung und Steuerung, Band 2.
Hrsg.: REFA.
München, Wien: Hanser, 1985.

/86/   v. d. Heide, W.:
Organisation und Realisierung eines FFS-CIM Systems für die rechner-
unterstützte Produktion.
Schriftliche Fassung der Vorträge zum Fertigungstechnischen
Kolloquium 1991 am 1./2. Oktober in Stuttgart.
Berlin: Springer, 1991.

/87/   Henscher, A.:
Flexible Fertigungssysteme, Entwurf und Realisierung prozeßnaher Steue-
rungsfunktioen.
Berlin: Springer, 1982.

/88/   Krallmann, H.:
Möglichkeiten und Grenzen von Expertensystemen in der Produktion.
Komtech 88, Essen, 7. - 10.6.1988, Paper Nr. 15.3., 1988.

/89/   Aldinger, L.:
Leitstandsunterstützte kurzfristige Fertigungssteuerung bei Einzel-
und Kleinserienfertigung.
Dissertation TU Stuttgart.
Berlin, Heidelberg, New York, London, Paris, Tokyo: Springer, 1985.

/90/   Dangelmaier, W. u. a.:
Jahresbericht 1988 des Arbeitskreises 3.1 der CIM-AG.
Projekt: "Wissenschaftliche Grundlagen und Zuarbeit zur CIM-Schnittstellen-
Normung" des BMFT.
Stuttgart: 1989.

/91/   Mertins, K.:
Steuerung rechnergeführter Fertigungssysteme.
München, Wien: Hanser, 1985.

/92/   Ow, P. S.; Smith, S. F.:
Towards an Opportunistic Scheduling System.
Proceedings of 19th Hawaii-International Conference on System Science,
Hawaii 1986.

/93/   Fox, M. S.; Smith, S. F.:
ISIS - A Knowledge-based System for Factory Scheduling.
Expert Systems 1, No. 1, 1984, 2. 25 - 49.

/94/   Sauer, J.; Appelrath, H.-J.:
Wissensbasierte Feinplanung in PPS-Systemen.
Tagungsband WIMPEL '88, Berichte des German Chapter of the AMC 31.
Stuttgart: Teubner, 1988.

/95/   Havermann, H.:
Der Leitstand - ein Baustein im CIM-Konzept.
CIM-Management 4/86, Seite 69 - 71.

/96/   Pietrowsky, P.:
Computergesteuerte maschinelle Fertigung - Problematik und Möglichkeiten.
Stuttgart: Expert, 1990.

/97/   Bibel, W.:
Wissensbasierte Echtzeitplanung.
Braunschweig, Wiesbaden: Vieweg & Sohn, 1989.

/98/   Groha, A.:
Universelles Zellrechnerkonzept für flexible Fertigungssysteme.
Berlin: Springer-Verlag, 1988.

/99/   Autorengemeinschaft:
Sonderforschungsbereich 158 - Die Montage im flexiblen Produktionsbetrieb
Teilprojekt B 3, Ergebnisbericht 1990-1991-1992.
Stuttgart: Eigenverlag, 1992.

/100/   Lochner, C.:
Der elektronische Leitstand - Front-End der PPS.
CIM Management 2/91, S. 65 - 69.

/101/   Warnecke, H.J.:
Von der Produktionssteuerung zur Produktionsregelung.
Fördertechnik 3/91.

/102/   VDI 2816 Blatt 1 und 2
VDI-Richtlinie: Ablauf und Verfahren der Investitionsbeurteilung
von EDV-gestützten Fertigungssteuerungssystemen.
Düsseldorf: VDI-Verlag, 1977.

/103/   Friedrichs, P.; Gromotka, W.:
Fertigungsleittechnik.
VDI-Z 134 (1992) 10, S. 112 - 127.

/104/   N. N.:
CELLworks -Factory Workcell Software.
Technische Dokumentation (1990).
Hrsg.: Fa. FASTech, Waltham.

/105/   Aupperle, G.; Burr, G.:
Marktübersicht Leitstände.
AV- Arbeitsvorbereitung 29 (1992) 6, S. 235 - 241.

/106/   N.N.:
FACTORY-TOWER.
Technische Dokumentation (1992).
Hrsg.: Fa. mpb, Dortmund.

/107/   Warnecke, H.-J.:
Die Fraktale Fabrik.
Berlin, Heidelberg, New York, London, Paris, Tokyo: Springer, 1992.

/108/   N.N.:
HYDRA-GLS.
Technische Spezifikation (1992).
Hrsg.: Fa. mpdv, Mosbach.

/109/   Kohen, E.:
Adaptierbare Steuerungssoftware für flexible Fertigungssysteme.
In: Fortschrittsbericht VDI, Reihe 2, Nr. 121.
Düsseldorf: VDI-Verlag, 1986.

/110/   Pritschow, G.:
CIM - Eine ganzheitliche steuerungstechnische Aufgabe.
VDI-Bericht Nr. 881.
Düsseldorf: VDI-Verlag, 1991.

/111/   Frager, O.:
Durchgängige Programmierung von Fertigungszellen.
Berlin: Springer-Verlag, 1996.

/112/   Milberg, J.; Köpfer, T.:
Trends in der Produktionsautomatisierung - Wettbewerbsvorteil
durch Rechnerintegration.
Bulletin SEV, VSE (1990), 9, S. 13 - 19, 1990.

/113/   Kupec, T.:
Wissensbasiertes Leitsystem zur Steuerung flexibler Fertigungsanlagen.
Berlin: Springer-Verlag, 1991.

/114/   Brantner, K.:
Adaptierbares Leitsystem für flexible Produktionssysteme.
Berlin: Springer-Verlag, 1993.

/115/   Siewert, U.:
Systematische Erstellung adaptierbarer Leitsteuerungssoftware am Beispiel
der Durchsetzungsplanung.
Berlin: Springer-Verlag, 1994.

/116/   Storr, A.; Siewert, U.:
Moderne Fertigungsleittechnik - ein adaptierbares Leitsystem löst unter-
schiedliche Anwendungsprobleme.
Dima 5 (1993), S. 33 - 35.

Lebenslauf

Persönliches:	**Rainer Kämpf** **geb. 19.08.1956 in Bonn** Eltern: Gerhard Kämpf Gertrud Kämpf geb. Wollenweber

Schulbildung:

1963 - 1967   Uhland Volksschule in Kornwestheim

1967 - 1975   Ernst-Sigle-Gymnasium in Kornwestheim

Studium:

1975 - 1982   Elektrotechnik, Fachrichtung Ingenieurinformatik an der Universität Stuttgart

1982   Abschluß des Studiums (Diplomingenieur)

Berufstätigkeit:

während des Studiums Hilfsassistent am Institut für Nachrichtenvermittlung und Datenverarbeitung der Universität Stuttgart

seit 1982   wissenschaftlicher Mitarbeiter am Fraunhofer-Institut für Produktionstechnik und Automatisierung (IPA), Stuttgart

1988 - 1991   Leiter der Gruppe Produktionsintegration

1991 - 1992   Leiter der Abteilung Betriebsorganisation- und informatik

1992   Leiter der Abteilung Organisationsentwicklung

Lehrbeauftragter für Produktionsmanagement im Fachbereich ESB (Europäisches Studienprogramm Betriebswirtschaft) an der Fachhochschule für Technik und Wirtschaft, Reutlingen

Lehrbeauftragter für Produktionsplanung und Steuerung an der Universität Stuttgart